高等职业教育系列教材

零件的数控车削加工

主　编　赵春梅　邵维范

副主编　张振明　韩玉辉　刘宏伟

参　编　李楠舟　张　鑫　王　萍

　　　　董晓冰　崔义程

机 械 工 业 出 版 社

本书内容包括基础篇和加工与编程篇，基础篇介绍了数控机床的产生和发展、数控机床加工的特点及应用、数控车床编程基础知识及本课程的定位和学习方法。加工与编程篇包括阶梯轴零件的加工、螺纹轴零件的加工、内孔零件的加工、内孔复合件的加工 4 个项目，项目的案例都是遴选自企业生产和学校实践，保证了案例的典型性和可操作性。

本书融理论、实践操作于一体，是职业院校数控技术、模具设计与制造、机电一体化技术、机械制造与自动化等专业的实用教材。

本书配有授课电子课件习题答案、题库、仿真视频等资源，需要的教师可登录机械工业出版社教育服务网 www.cmpedu.com 免费注册后下载，或联系编辑索取（微信：15910938545，电话：010-88379739）。

图书在版编目（CIP）数据

零件的数控车削加工/赵春梅，邵维范主编 . —北京：机械工业出版社，2019.8（2022.1 重印）

高等职业教育系列教材

ISBN 978-7-111-63065-4

Ⅰ．①零…　Ⅱ．①赵…②邵…　Ⅲ．①机械元件–数控机床–车床–车削–高等职业教育–教材　Ⅳ．①TG519.1

中国版本图书馆 CIP 数据核字（2019）第 126054 号

机械工业出版社（北京市百万庄大街 22 号　邮政编码 100037）
策划编辑：曹帅鹏　责任编辑：曹帅鹏
责任校对：李　杉　责任印制：张　博
涿州市般润文化传播有限公司印刷
2022 年 1 月第 1 版第 2 次印刷
184mm×260mm · 13.5 印张 · 334 千字
标准书号：ISBN 978-7-111-63065-4
定价：39.90 元

电话服务　　　　　　　　　网络服务
客服电话：010-88361066　　机　工　官　网：www.cmpbook.com
　　　　　010-88379833　　机　工　官　博：weibo.com/cmp1952
　　　　　010-68326294　　金　书　网：www.golden-book.com
封底无防伪标均为盗版　机工教育服务网：www.cmpedu.com

前　言

零件的数控车削加工是数控车床操作工、数控工艺编程员、数控车床安装调试员的典型工作任务，是数控技术高技能人才必须掌握的技能，也是职业院校机械制造类专业的必修课程。

本书以培养高素质技能型数控技术人才为宗旨，以就业为导向，结合行业企业实际和生产一线需求，注重教材的基础性、实用性、科学性，贯彻了"半工半学、工学交替，半校半企、校企融合"的原则。本书融理论、实践操作于一体，是职业院校数控技术、模具设计与制造、机电一体化技术、机械制造与自动化等专业的实用教材。

本书内容包括基础篇和加工与编程篇，基础篇介绍了数控机床的产生和发展、数控机床加工的特点及应用、数控车床编程基础知识及本课程的定位和学习方法。加工与编程篇包括阶梯轴零件的加工、螺纹轴零件的加工、内孔零件的加工和内孔复合件的加工4个项目，按照"工作任务由外到内，由简单到复杂，由单一到综合"这一主线来进行编排，有序地提高学生的综合能力。每个项目包括两个子项目，以典型零件的图样分析引出相关知识，分别含有相关理论和工艺、编程方法和技巧、机床操作、参考程序等，同时设置了拓展趣味作业。项目的案例都是遴选自企业生产和学校实践，保证了案例的典型性、可操作性。

本书具有如下特点：

1. 教学目标明确，每一个项目都给出了知识目标和能力目标，明确教学要求的知识、技能和任务，使学生在学习每一个项目时能掌握实际的编程与加工技能，增强成就感，提高学生学习的自信心。

2. 设计趣味案例，注重激发学生的学习兴趣和动机，使学生变被动学习为主动创新，提升了学生的设计能力。

3. 采用低碳环保设计案例理念，启发学生用现有耗材完成零件加工，节约了学习成本。

4. 精选大量的实例和企业案例，精心设计并实施一套层次分明、循序渐进的实践教学方案，富有启发性地引导、拓展教师和学生思维的空间，从而提升学生的就业竞争力。

本书由长春职业技术学院赵春梅、邵维范任主编，张振明、韩玉辉、刘宏伟任副主编，李楠舟、张鑫、王萍、董晓冰、崔文程参加了本书的编写。赵春梅编写了基础篇和项目1，李楠舟、邵维范编写了项目2的子项目2.1，张鑫、王萍、董晓冰编写了项目2的子项目2.2，韩玉辉、刘宏伟、崔文程编写了项目3，张振明编写了项目4。

由于编者的水平和经验有限，书中难免有欠妥和错误之处，恳请读者批评指正。

编　者

目　　录

基　础　篇

加工与编程篇

基 础 篇

知识目标：

1. 了解数控机床的概念、组成、分类、加工特点及应用。
2. 了解数控车床的分类和数控车床的结构。
3. 掌握机床坐标系的确定原则及坐标轴的运动方向。
4. 熟悉数控加工程序的结构。
5. 了解本课程的课程定位及学习方法。

能力目标：

1. 能说出数控车床各部分结构及作用。
2. 能熟记数控车床安全操作规程，严格执行。
3. 能胜任数控车床的保养与维护工作。

第1章 数控加工概述

1.1 数控机床的产生及发展趋势

1. 数控机床的产生

20世纪40年代以来，随着航空航天技术的迅速发展，对各种飞行器的加工提出了更高的要求，这些零件大多数形状复杂，材料多为难加工的合金，用传统的机床和工艺方法进行加工不能保证精度，也很难提高生产效率。为了解决复杂形状表面的加工问题，1948年，美国帕森斯公司接受美国空军委托，研制直升机螺旋桨叶片轮廓检验用样板的加工设备。1952年帕森斯公司和麻省理工学院伺服机构实验室合作，成功研制了世界上第一台三坐标数控铣床。半个多世纪以来，数控技术得到了迅猛发展，数控机床的发展至今经历了两个阶段，即数控（NC）阶段（1952～1970年）和计算机数控（CNC）阶段（1970年至今）。早期的计算机运算速度低，不适应机床实时控制的要求，人们只好利用数字逻辑电路"搭"成一台机床专用计算机作为数控系统，这就是硬件连接数控，简称数控（NC）。1970年，通用小型计算机已出现并投入成批生产，人们将它移植过来作为数控系统的核心部件，从此进入计算机数控阶段。

数控机床配置的数控系统不同，其功能和性能也有很大差异。就目前应用来看，FANUC（日本）、SIEMENS（德国）、DMG（德国）、FAGOR（西班牙）、MITSUBISHI（日本）、OKUMA（日本）和哈斯（美国）等公司的数控系统及相关产品，在数控机床行业占据主导地位；我国也先后研制了华中数控、广州数控等多个数控机床控制系统，在国内市场数控机床的占有率也逐年增加。

2. 数控机床的发展趋势

随着科学技术的发展，先进制造技术的兴起和成熟，为数控技术的进步提供了条件，同时为了满足市场的需要，对数控加工技术也提出了更高的要求。当今的数控技术及数控机床的发展方向主要体现为以下几方面。

（1）高速化

数控机床向高速化方向发展，主要表现在高的主轴转速上（主轴转速高于10000r/min），也表现在工作台的快速移动和进给速度的提高，以及刀具交换、托盘交换时间的缩短上，并且具有较高的加速度（一般在1.5g以上）。

高速切削的作用：主轴转速提高会减少切削力，同时采用小的切削深度铣削，有利于克服机床振动，排屑率大大提高，切削热在没有传递到工件时就被切屑带走，故传入零件中的热量降低，热变形大大减小，提高了加工精度，也改善了加工表面粗糙度。提高工作台的快速移动和进给速度，可采用直线电动机代替传统的旋转式电动机。

（2）复合化

机床复合化加工是通过增加机床的功能，减少工件加工过程中的多次装夹、重新定位、对刀等辅助工艺时间，来提高机床效率的，也就是在一台设备上完成车、铣、钻、镗、攻螺纹、铰孔、扩孔、铣花键和插齿等多种加工要求。因此机床复合化加工是现代化机床发展的另一重要方面。

复合加工有两重含义。一是工艺与工序的集中，即一台数控机床通过一次装夹可完成多工种、多工序的任务。例如，数控车床向车铣中心发展，加工中心则向更多功能发展，五轴联动向五面加工发展。图 1.1-1 为车铣加工中心加工零件实例。二是指工艺的成套，即企业向着复合型发展，定期为用户提供成套服务。

复合化加工进一步提高了工序集中度，提高了机床利用率，减少了夹具和所需的机床数量，降低了整个加工和机床的维护费用。

图 1.1-1　车铣加工中心加工零件实例

（3）高精度化

高精度化一直是数控机床技术发展追求的目标。它包括机床制造的几何精度和机床使用的加工精度两方面。

提高数控机床的加工精度，一般是通过减小数控系统误差，提高数控机床基础大件结构特性和热稳定性，采用补偿技术和辅助措施来实现的。在减小 CNC 系统误差方面，通常采用提高数控系统分辨率、使 CNC 控制单元精细化、提高位置检测精度以及在位置伺服系统中为改善伺服系统的响应特征采用前馈和非线性控制等方法。在采用补偿技术方面，通常采用齿隙补偿、丝杠螺距误差补偿、刀具补偿、热变形误差补偿和空间误差综合补偿等方法。

在机械加工高精度的要求下，普通级数控机床的加工精度已由 $\pm 10\mu m$ 提高到 $\pm 5\mu m$；精密级加工中心的加工精度则从 $\pm (3 \sim 5)\mu m$，提高到 $\pm (1 \sim 1.5)\mu m$，甚至更高；超精密加工精度进入纳米级（$0.001\mu m$），主轴回转精度要求达到（$0.01 \sim 0.05$）μm，加工圆度为 $0.1\mu m$，加工表面粗糙度 $Ra0.003\mu m$ 等。采用矢量控制的变频驱动电主轴（电动机与主轴一体化）数控机床，主轴径向跳动小于 $2\mu m$，轴向窜动小于 $1\mu m$。

（4）高可靠性

数控机床的可靠性是数控机床产品质量的一项关键性指标。数控机床能否发挥其高性能、高精度、高效率并获得良好的效益，关键取决于可靠性。衡量可靠性的重要量化指标是平均无故障工作时间 MTBF（Mean Time Between Failures），现在数控机床整机的 MTBF 已达到 800h 以上，数控系统的 MTBF 已达到 125 个月以上。

提高数控系统可靠性通常可采用冗余技术，故障诊断技术，自动检错、纠错技术，系统恢复技术和软件可靠性技术等技术。

目前，很多企业正在对可靠性设计技术、可靠性试验技术、可靠性评价技术、可靠性增长技术以及可靠性管理与可靠性保证体系等进行深入研究和广泛应用，以期望使数控机床整机可靠性提高到一个新水平。

（5）智能化

智能化是 21 世纪制造技术发展的一个大方向。智能加工是一种基于神经网络控制、模糊控制、数字化网络技术和理论的加工，它是要在加工过程中模拟人类专家的智能活动，以解决加工过程许多不确定性的、要由人工干预才能解决的问题。

智能化的内容包含在数控系统中的各个方面。

1）追求加工效率和加工质量的智能化，如自适应控制、工艺参数自动调整（通过检测加工过程中的刀具磨损、破坏、切削力、主轴功率等信息并反馈，利用传统的或现代的算法进行调节运算，实时修调加工参数或加工指令，使设备处于最佳运行状态，以提高加工精度和设备的安全性）。

2）简化编程、简化操作的智能化，如智能化的自动编程、智能化的人机界面等。

3）可以实现智能诊断、智能监控，方便系统的诊断及维修等。

（6）网络化

支持网络通信协议，既满足单机需要，又能满足柔性制造系统（FMS）、计算机集成制造系统（CIMS）对基层设备集成要求的数控系统，该系统是形成"全球制造"的基础单元。

1）网络资源共享。

2）数控机床的远程（网络）监视、控制。

3）数控机床的远程（网络）培训与教学（网络数控）。

4）数控装备的数字化服务（数控机床故障的远程（网络）诊断、远程维护、电子商务等）。

1.2　数控机床的概念及组成

1. 数控机床的概念

国家标准 GB/T 8129—2015 将数控（Numerical Control，NC）定义为：用数值数据的控制装置，在运行过程中，不断地引入数值数据，从而对某一生产过程实现自动控制。国际信息处理联盟（International Federation of Information Processing）第五技术委员会对数控机床所做的定义是：数控机床是一种装有程序控制系统的机床，机床的运动和动作按照这种程序控制系统发出的由特定代码和符号编码组成的指令进行。

2. 数控机床的组成

数控机床通常由数控装置、伺服系统和测量反馈系统、机床主体和辅助装置组成。

（1）数控装置

数控装置是数控机床的核心，其功能是接受输入的加工信息，经过数控装置的系统软件和逻辑电路进行译码、运算和逻辑处理，向伺服系统发出相应的脉冲，并通过伺服系统控制机床运动部件按加工程序指令运动。

现代数控装置采用多微处理器，以程序化的软件形式实现数控功能，因此又称软件数控。数控装置主要由输入装置、信息处理和输出装置 3 个基本部分构成。而所有这些工作都由计算机的系统程序进行合理地组织，使整个系统协调工作。

1）输入装置。将数控指令输入给数控装置。目前主要有键盘、磁盘、CAD/CAM 系统直接通信和连接上级计算机的 DNC（直接数控）输入等方式，早期的数控系统是以光电阅读机的纸带输入形式为主。

2）信息处理。输入装置将加工信息传给 CNC 单元，编译成计算机能识别的信息，由信息处理部分按照控制程序的规定，逐步存储并进行处理后，通过输出单元发出位置和速度指令给伺服系统和主运动控制部分。

3）输出装置。输出装置与伺服机构相连。输出装置根据控制器的命令接受运算器的输出脉冲，并把它送到各坐标的伺服控制系统，经过功率放大，驱动伺服系统，从而控制机床装夹的工件或刀具按规定要求运动。

（2）伺服系统和测量反馈系统

伺服系统是数控机床的重要组成部分，用于实现数控机床的进给伺服控制和主轴伺服控制。伺服系统的作用是把接受来自数控装置的指令信息，经功率放大、整形处理后，转换成机床执行部件的直线位移或角位移运动。由于伺服系统是数控机床的最后环节，其性能将直接影响数控机床的精度和速度等技术指标，因此，对数控机床的伺服驱动装置，要求具有良好的快速反应性能，准确而灵敏地跟踪数控装置发出的数字指令信号，并能忠实地执行来自数控装置的指令，提高系统的动态跟随特性和静态跟踪精度。

伺服系统包括驱动装置和执行机构两大部分。驱动装置由主轴驱动单元、进给驱动单元和主轴伺服电动机、进给伺服电动机组成。步进电动机、直流伺服电动机和交流伺服电动机是常用的驱动装置。当然，现在先进数控机床也有采用直线电动机作为驱动装置的。

测量元件将数控机床各坐标轴的实际位移值检测出来并经反馈系统输入到机床的数控装置中，数控装置对反馈回来的实际位移值与指令值进行比较，并向伺服系统输出达到设定值所需的位移量指令。

（3）机床主体

机床是数控机床的主体。它包括床身、底座、立柱、横梁、滑座、工作台、主轴箱、进给机构、刀架及自动换刀装置等机械部件。它是在数控机床上自动地完成各种切削加工的机械部分。与传统的机床相比，数控机床主体具有如下结构特点。

1）采用具有高刚度、高抗振性及较小热变形的机床新结构。通常用提高结构系统的静刚度、增加阻尼、调整结构件质量和固有频率等方法来提高机床主机的刚度和抗振性，使机床主体能适应数控机床连续自动地进行切削加工的需要。采取改善机床结构布局、减少发热、控制温升及采用热位移补偿等措施，可减小热变形对机床主机的影响。

2）采用高性能的主轴伺服驱动和进给伺服驱动装置，使数控机床的传动链缩短，简化了机床机械传动系统的结构。

3）采用高传动效率、高精度、无间隙的传动装置和运动部件，如滚珠丝杠螺母副、塑料滑动导轨、直线滚动导轨和静压导轨等。

（4）辅助装置

辅助装置是保证充分发挥数控机床功能所必需的配套装置，常用的辅助装置包括气动、液压装置，排屑装置，冷却、润滑装置，回转工作台和数控分度头，防护、照明等各种辅助装置。

1.3 数控机床的种类与应用

数控机床的种类很多，通常有以下几种不同的分类方法。

1. 按工艺用途分类

数控机床是在普通机床的基础上发展起来的，各种类型的数控机床基本上起源于同类型的普通机床，按工艺用途分类，大致如下：

（1）金属切削类数控机床

金属切削类数控机床包括数控车床、数控铣床、数控钻床、数控磨床、数控镗床以及加工中心等。

数控车床适合于精度较高的回转类零件的加工。一般具有两轴联动功能，Z 轴是与主轴平行方向的运动轴，X 轴是在水平面内与主轴垂直方向的运动轴。数控车床可分为卧式和立式两种，最常用的是卧式数控车床，如图 1.1-2 所示。如果在刀架上装有动力头，配合 C 轴功能，还可以进行铣削加工，就构成车铣加工中心。

数控铣床适合于加工三维复杂曲面，在汽车、航空航天、模具等行业被广泛采用。随着时代的发展，数控铣床越来越向加工中心方向发展。但由于数控铣床具有较低的价格、方便灵活

图 1.1-2 卧式数控车床

的操作、较短的准备工作时间等优点，仍被广泛采用。数控铣床按主轴布置形式可分为立式数控铣床（图 1.1-3）和卧式数控铣床等。

数控钻床可分为立式数控钻床（图 1.1-4）和卧式数控钻床。数控钻床主要完成钻孔、攻螺纹功能，同时也可以完成简单的铣削功能。

图 1.1-3 立式数控铣床

图 1.1-4 立式数控钻床

数控磨床主要用于高硬度、高精度表面加工，可以分为数控平面磨床（图 1.1-5）、数控内外圆磨床和数控轮廓磨床等。数控磨床除了具有普通磨床的功能外，还可完成锥面、圆

弧面以及螺旋面的磨削。随着自动砂轮补偿技术、自动砂轮修整技术和磨削固定循环技术的发展，数控磨床的功能越来越强大。

加工中心是带有自动换刀装置，并能进行多道工序加工的数控机床。加工中心一般分为车铣类加工中心和镗铣类加工中心两种。通常所说的加工中心一般指镗铣类加工中心，在该类机床上可以进行铣、镗、钻、扩、铰、攻螺纹等多工序的加工。镗铣类加工中心又分为立式加工中心（图1.1-6）和卧式加工中心两种。立式加工中心的主轴为垂直方向，卧式加工中心的主轴为水平方向。其中，卧式加工中心一般配有交换工作台，以提高加工效率。

图1.1-5　数控平面磨床

图1.1-6　立式加工中心

由于加工中心能有效地避免因多次安装造成的定位误差，所以它适用于产品更换频繁、零件形状复杂、精度要求高、生产批量大的产品。

（2）金属成形类数控机床

金属成形类数控机床是用物理的方法使毛坯成为成品或半成品的机床，包括数控折弯机、数控组合冲床和数控回转头压力机等。这类机床起步晚，但发展很快。

（3）数控特种加工机床

数控特种加工机床包括数控线切割机床、数控电火花加工机床、火焰切割机和数控激光切割机床等。

数控线切割机床加工的基本原理是利用移动的细金属丝（铜丝或钼丝）作为工具电极（接高频脉冲电源的负极），在绝缘液体中对工件（接高频脉冲电源的正极）进行脉冲火花放电而切割成所需的工件形状与尺寸，绝缘液体一般采用去离子水。

数控电火花加工机床加工原理是基于工具和工件（正、负电极）之间脉冲性火花放电时的电腐蚀现象来蚀除多余的金属，以达到对零件的尺寸、形状及表面质量预定的加工要求。对于形状复杂、难加工的材料有特殊的加工优势。电极材料一般为石墨、紫铜等，加工一般浸在煤油中进行。只能用于加工金属等导电材料；加工速度较慢，效率较低。

数控激光切割机床工作原理是由激光器发出的激光，经光学系统聚焦后，照射到工件表面上，光能被吸收，转化为热能，使照射斑点处局部区域温度迅速升高，此处材料被熔化、气化而形成小坑。由于热扩散，使斑点周围材料熔化。小坑内材料蒸气迅速膨胀，产生微型爆炸，将熔融物高速喷出并产生一个方向性很强的反冲击波，于是在加工表面上打出一个上大下小的孔，如图1.1-7所示。激光加工的特点及应用如下：

① 加工材料范围广。可适合加工各种金属和非金属材料，特别适用于加工高熔点材料、耐热合金、陶瓷、宝石和金刚石等硬脆材料。

② 加工性能好。工件可离开加工机械进行加工，并可透过透明材料进行加工。激光加工为非接触加工。工件无受力变形，受热区域小，热变形小，加工精度高。

③ 可进行微细加工。激光聚焦后焦点直径可小至 0.001mm，可实现 $\phi0.001mm \sim \phi0.01mm$ 的小孔加工和窄逢切割，激光切割广泛用于切割复杂形状的零件、栅网等。在大规模集成电路的制作中，可用激光进行切片。

④ 加工速度快，加工效率高。例如在宝石上打孔，加工时间仅为机械方法的 1% 左右。

⑤ 激光加工不仅可以进行打孔和切割，也可进行焊接、热处理等工作。

⑥ 激光加工可控性好，易于实现加工自动化，但加工设备昂贵。

（4）其他类型的数控机床

如数控三坐标测量仪，主要用于加工零件精度的检验以及对已有实物零件点位测量，再利用专业软件进行逆向造型，进而加工出所需要的零件，数控三坐标测量仪如图 1.1-8 所示。

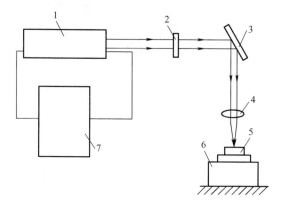

图 1.1-7　激光加工原理图　　　　　　图 1.1-8　数控三坐标测量仪
1—激光器　2—光阑　3—反射镜　4—聚焦镜
5—工件　6—工作台　7—电源

2. 按运动方式分类

（1）点位控制数控机床

点位控制是指数控系统只控制刀具或工作台从一点移至另一点的准确定位，然后进行定点加工，而点与点之间的路径不需控制。如图 1.1-9 所示，采用这类控制的有数控钻床、数控镗床和数控坐标镗床、数控点焊机和数控折弯机等。

（2）直线控制数控机床

直线控制就是刀具与工件相对运动时，除控制从起点到终点的准确定位外，还要保证平行坐标轴的直线切削运动。主要包括有无插补运动的数控车床、数控磨床和数控镗铣床等，如图 1.1-10 所示。

（3）轮廓控制数控机床

轮廓控制就是刀具与工件相对运动时，能对两个或两个以上坐标轴的运动同时进行控制。属于这类机床的有数控车床、数控铣床、加工中心等，如图 1.1-11 所示。其相应的数控装置称为轮廓控制装置。轮廓数控装置比点位、直线控制装置功能齐全，但结构复杂。

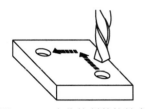 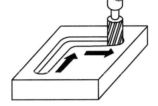 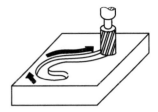

图1.1-9 点位控制数控钻床　　图1.1-10 直线控制数控铣床　　图1.1-11 轮廓控制数控机床

3. 按进给伺服系统有无检测装置分类

（1）开环进给伺服控制系统数控机床

开环进给伺服控制系统是指不带反馈的控制系统，即系统没有位置反馈元件，伺服驱动元件一般为功率步进电动机或电液伺服电动机。输入的数据经过数控系统的运算，发出指令脉冲，通过环形分配器和驱动电路，使步进电动机或电液伺服电动机转过一个步距角。再经过减速齿轮带动丝杠旋转，最后转为工作台的直线移动。移动部件的移动速度和位移量由输入脉冲的频率和脉冲数决定。开环进给伺服系统示意图如图1.1-12所示。

这类系统具有结构简单、调试方便、维修简单、价格低廉等优点，在精度和速度要求不高、驱动力矩不大的场合得到了广泛应用。

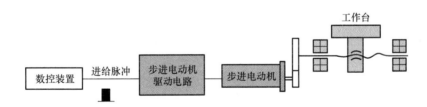

图1.1-12 开环进给伺服系统示意图

（2）闭环进给伺服控制系统数控机床

闭环进给伺服控制系统是在机床的移动部件上直接装有位置检测装置，将测量的结果直接反馈到数控系统装置中，与输入的指令位移进行比较，从而使移动部件按照实际的要求运动，最终实现精确定位。闭环进给伺服系统示意图如图1.1-13所示。

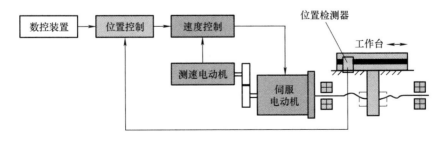

图1.1-13 闭环进给伺服系统示意图

由于位置环内的许多机械传动环节的摩擦特性、刚性和间隙都是非线性的，故很容易造成系统的不稳定，使闭环系统的设计、安装和调试都相当困难。所以，该系统主要用于精度要求很高的镗铣床、超精密车床、超精密磨床以及较大型的数控机床等。

（3）半闭环进给伺服控制系统数控机床

半闭环进给伺服控制系统是将位置检测元件安装在伺服电动机的轴上或滚珠丝杠的端部，不直接反馈机床的位移量，而是检测伺服机构的转角，将此信号反馈给数控装置进行指令值比较，利用其差值控制伺服电动机转动。由于惯性较大的机床移动部件不包括在检测范围之内，因而成为半闭环控制系统。半闭环进给伺服系统示意图如图 1.1-14 所示。

半闭环数控系统结构简单、调试方便、精度也较高，在现代 CNC 机床中得到了广泛应用。

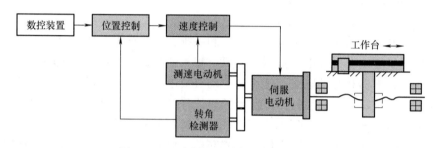

图 1.1-14　半闭环进给伺服系统示意图

4. 按加工方式分类

（1）普通数控机床

普通数控机床一般指在加工工艺过程中的一个工序上实现数字控制的自动化机床，如数控铣床、数控车床、数控钻床、数控磨床与数控齿轮加工机床等。普通数控机床在自动化程度上还不够完善，刀具的更换与零件的装夹仍需人工来完成。

（2）加工中心

加工中心是带有刀库和自动换刀装置的数控机床，它将数控铣床、数控镗床、数控钻床的功能组合在一起，零件在一次装夹后，可以将其大部分加工面进行铣、镗、钻、扩、铰攻螺纹等多工序加工。由于加工中心能有效地避免由于多次安装造成的定位误差，所以它适用于产品更换频繁、零件形状复杂、精度要求高、生产批量不大而生产周期短的产品。

5. 按可控制联动轴数分类

数控机床可控制联动的坐标轴，是指数控装置控制几个伺服电动机，同时驱动机床移动部件运动的坐标轴数目。

（1）两坐标联动

两坐标联动数控机床能同时控制两个坐标轴联动，如用数控车床加工旋转曲面或数控铣床铣削平面轮廓，如图 1.1-15 所示。

（2）三坐标联动

三坐标联动数控机床能同时控制 3 个坐标轴联动，适用于曲率半径变化较大和精度要求较高的曲面的精加工，一般的型腔模具均可用三轴联动的数控机床加工，如图 1.1-16 所示。

图 1.1-15　两坐标联动

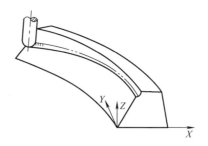

图 1.1-16　三坐标联动

（3）两轴半坐标联动

两轴半坐标联动数控机床本身有 3 个坐标能做 3 个方向的运动，但控制装置只能同时控制两个坐标，而第 3 个坐标只能做等距周期移动。适用于曲率半径变化不大和精度要求不高的曲面的粗加工。例如用两轴半坐标联动数控铣床加工如图 1.1-17 所示空间曲面的零件时，先是 Z 轴和 X 轴联动加工曲线，接下来 Y 轴做步进运动，然后 Z 轴和 X 轴联动再加工曲线，Y 轴再做步进运动，经过多次循环最终加工出整个曲面。

（4）多坐标联动

多坐标联动数控机床能同时控制 4 个及以上坐标轴联动。加工曲面类零件最理想的是选用多坐标联动数控机床，但多坐标数控机床的结构复杂、精度要求高、程序编制复杂。通常三轴机床可以实现两轴、两轴半、三轴加工；五轴机床也可以只用到三轴联动加工，而其他两轴不动。多轴联动加工如图 1.1-18 所示。

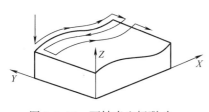

图 1.1-17　两轴半坐标联动

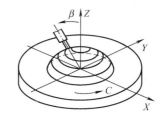

图 1.1-18　多坐标联动

1.4　数控机床加工的特点及应用

1. 数控机床加工的特点

数控机床对零件的加工过程，严格按照加工程序所规定的参数及动作执行，是一种高效能自动（或半自动）机床，具有普通机床所不具备的许多优点。

（1）加工精度高、加工质量稳定可靠

数控机床的机械传动系统和结构都有很高的精度、刚度和热稳定性。零件的加工精度由数控机床保证，消除了人为误差。加工精度一般可控制在 0.005 ~ 0.01mm，而且同一批零件加工尺寸的一致性比较好，加工质量稳定、可靠。

（2）加工生产效率高

数控机床结构好、功率大，能自动进行切削加工，所以可选择较大的切削用量，并自动连续完成整个零件的加工过程，大大缩短了辅助时间。数控机床的定位精度高，可省去加工过程中对零件的中间检测，减少了停机检测时间。数控机床的加工效率高，一般为普通机床的 3 ~ 5 倍，对某些复杂零件的加工，生产效率可以提高十几倍甚至几十倍。

（3）减轻劳动强度、改善劳动条件

数控机床加工，除了装卸工件、找正零件、检测、操作键盘、观察机床运行外，其他的机床动作都是按照加工程序要求自动连续地进行切削加工，操作者不需要进行繁重重复的手工操作。

（4）对零件的加工适应性强、灵活性好

因数控机床能实现几个坐标轴的联动，加工程序可以按照加工零件的要求而变换，不需要制造、更换许多工具、夹具，不需要经常调整机床，同时节省了大量的工艺装备费用。所以它的适应性和灵活性都很强。

（5）有利于生产管理

在数控机床上加工零件，可以准确地计算出零件的加工工时，并有效地简化刀、夹、量具和半成品的管理工作。加工程序是用数字信息的标准代码输入，有利于和计算机连接，构成由计算机控制和管理的生产系统。

（6）经济效益显著

虽然数控机床的初始投资比较大，日常的保养和维修费用也较普通机床高很多，但是充分发挥数控机床的加工能力，将会带来显著的经济效益。

2. 数控机床的适用范围

从加工的特点可以看出，数控机床的主要加工对象如下：

1）多品种、单件小批量生产的零件或新产品试制中的零件。

2）几何形状复杂、加工精度要求高、用通用机床无法加工或虽然能加工但很难保证产品质量的零件。

3）必须在一次装夹中合并完成钻、铣、镗、锪、铰或攻螺纹等多工序的零件。

4）用数学模型描述的复杂曲线或曲面轮廓零件。

5）用通用机床加工时难以观察，测量和控制进给的内外凹槽。

6）采用数控铣削后能成倍提高生产效率，大大减轻体力劳动强度的一般加工内容。

第2章 数控编程基础

2.1 数控车床简介

数控车床是目前使用最广泛的数控机床之一。数控车床主要用于加工轴类、盘类等回转体零件。通过数控加工程序的运行，可自动完成内外圆柱面、圆锥面、成形表面、螺纹和端面等工序的切削加工，并能进行车槽、钻孔、扩孔和铰孔等工作。

1. 数控车床的分类

（1）按车床主轴位置分类

立式数控车床。主轴轴线与水平面垂直，有一个圆形工作台，供装夹工件使用，如图1.2-1所示。主要用于加工径向尺寸较大、轴向尺寸较小的大型复杂零件。

卧式数控车床。卧式数控车床的主轴轴线处于水平位置，如图1.2-2所示，它的床身和导轨有很多种布局形式，是应用最广泛的数控车床。

图1.2-1 立式数控车床

图1.2-2 卧式数控车床

（2）按加工零件的基本类型分类

卡盘式数控车床。这类数控车床未设置尾座，主要适合车削盘类零件以及短轴类零件，其装夹方式多采用电动液压控制。

顶尖式数控车床。这类数控车床设有普通尾座或数控尾座，主要适合车削较长轴类零件以及直径不大的盘、套类零件。

（3）按刀架数量分类

单刀架数控车床。单刀架又分为排式刀架、四工位转动式刀架和多工位转塔式刀架，如图1.2-3所示。

双刀架数控车床。双刀架数控车床如图1.2-4所示。这类数控车床一般为卧式结构，加工时两个刀架可同时加工零件，提高加工效率，在加工细长轴时还可以减少零件的变形。

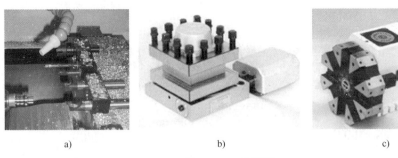

a)   b)   c)

图 1.2-3   单刀架

a）排式刀架   b）四工位转动式刀架   c）多工位转塔式刀架

图 1.2-4   双刀架数控车床

（4）按数控系统的技术水平分类

经济型数控车床。属于中档数控车床，多采用开环或半闭环控制，如图 1.2-5 所示。

全功能型数控车床。这类数控车床主轴一般采用能调速的直流电动机或交流主轴控制单元来驱动，进给采用伺服电动机，半闭环或全闭环控制，属于高档次的数控车床，如图 1.2-6 所示。全功能数控车床具备恒线速度切削和刀尖圆弧半径自动补偿功能。

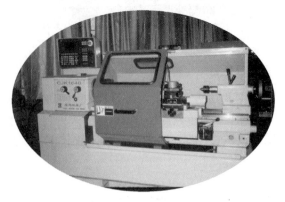
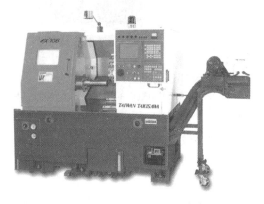

图 1.2-5   经济型数控车床   图 1.2-6   全功能型数控车床

车削中心。车削中心是在普通数控车床基础上发展起来的一种复合加工机床，如图 1.2-7 所示。除具有一般两轴联动数控车床的各种车削功能外，车削中心的转塔刀架上还有能使刀具旋转的动力刀座，主轴具有按轮廓成形要求连续（不等速回转）运动和进行连续精确分

度的 C 轴功能，并能与 X 轴或 Z 轴联动，控制轴除 X、Z、C 轴之外，还可具有 Y 轴。可进行端面和圆周上任意部位的钻削、铣削和攻螺纹等加工，在具有插补功能的条件下，还可以实现各种曲面铣削加工。

图 1.2-7　车削中心

FMC（柔性制造单元）车床。FMC 车床是一个由数控车床、机器人等构成的柔性加工系统。它除了具备车削中心的功能外，还能实现工件的搬运、装卸的自动化和加工调整准备的自动化。

2. 数控车床的特点

数控车床与普通车床的加工对象以及工艺有很多相似之处，但由于数控系统的存在，也有着很大的区别。数控车床与普通车床的最大区别，也就是用计算机控制车床和用手直接控制车床的区别。与普通车床相比，数控车床具有以下特点。

1）数控车床采用高性能的主轴部件，具有传递功率大、刚度高、抗振性好及热变性小等优点。

2）进给伺服传动一般采用滚珠丝杠副等高性能传动部件，具有运动传动链短，传动精度高等特点。

3）机床总体结构刚性好，抗振性好。

4）运动副的耐磨性好，摩擦损失小，润滑条件好，大部分采用油雾自动润滑。

5）装有安全、方便的防护装置，冷却效果优于普通车床。

6）高档数控车床配有自动排屑装置。

3. 数控车床的床身结构和导轨的布局

数控车床的主轴、尾座等部件相对床身的布局形式与卧式车床基本一致，但刀架和床身导轨的布局形式却发生了根本的变化。这是因为刀架和床身导轨的布局形式不仅影响机床的结构和外观，还直接影响数控车床的使用性能，如刀具和工件的装夹、切屑的清理。床身与刀架的相对位置有 4 种布局形式。

（1）水平床身

水平床身的工艺性好，便于导轨面的加工，如图 1.2-8 所示。水平床身配上水平放置的刀架可提高刀架的运动精度。但水平刀架增加了机床宽度方面的结构尺寸，并且床身下部排屑空间小，排屑困难。

图 1.2-8　水平床身

（2）水平床身斜刀架

水平床身配上倾斜放置的刀架滑板，如图 1.2-9 所示。这种布局形式的床身工艺性好，机床宽度方向的尺寸也较水平刀架的要小且排屑方便。

（3）斜床身

斜床身的导轨倾斜角度有 30°、45°、75°，如图 1.2-10 所示。它和水平床身斜刀架滑板都具有排屑容易、操作方便、机床占地面积小、外观美观等优点，因而被中小型数控车床普遍采用。

图 1.2-9　水平床身斜刀架　　　　　　　　图 1.2-10　斜床身

（4）立床身

从排屑的角度考虑，立床身最好，切屑可以自由落下，不易损伤轨道面，导轨的维护与防护也较简单，但机床的精度不如其他 3 种布局形式的精度高，故运用较少。

4. 数控车床的加工范围

（1）要求高的回转体零件

1）精度要求高的零件。由于数控车床的刚性好，制造和对刀精度高，以及能方便和精确地进行人工补偿甚至自动补偿，所以它能够加工尺寸精度要求高的零件。通常，可车削IT7 级精度的零件，在有些场合可以以车代磨。此外，由于数控车削时刀具运动是通过高精度插补运算和伺服驱动来实现的，再加上机床的刚性好和制造精度高，所以它能加工对母线直线度、圆度、圆柱度要求高的零件。对圆弧以及其他曲线轮廓的形状，加工出的形状与图样上的目标几何形状的接近程度比仿形车床要好得多。

数控车削对提高位置精度特别有效，车削零件位置精度的高低主要取决于零件的装夹次数和机床的制造精度。而且，在数控车床上加工零件如果发现位置精度较低，可以用修改程序的方法来校正，这样可以提高其位置精度。而在传统车床上加工零件是无法做这种校正的。

2）表面质量好的回转体零件。数控车床能加工出表面粗糙度小的零件，不但是因为机床的刚性和制造精度高，还由于它具有恒线速度切削功能。在材质、精车留量和刀具已定的情况下，表面粗糙度取决于进刀量和切削速度。在传统的车床上车削端面时，由于转速在切削过程中恒定，理论上只有某一直径处的粗糙度最小。实际上也可发现端面内的粗糙度不一致。使用数控车床的恒线速度切削功能，就可选用最佳线速度来切削端面，这样切出的粗糙度既小又一致。数控车床还适合于车削各部位表面粗糙度要求不同的零件。表面粗糙度小的部位可以用减小进给量的方法来保证，而这在传统车床上是不易做到的。

3）超精密、超低表面粗糙度的零件。磁盘、录像机磁头、激光打印机的多面反射体、照相机等光学设备的透镜及其模具，以及隐形眼镜等要求超高的轮廓精度和超低的表面粗糙度，它们适合于在高精度、功能强的数控车床上加工，以往很难加工的塑料散光用的透镜，现在也可以用数控车床来加工。超精密加工的轮廓精度可达 $0.1\,\mu m$，表面粗糙度可达 $Ra0.02\,\mu m$，超精密加工所用数控系统的最小设定单位应达到 $0.01\,\mu m$。超精密车削零件的材质以前主要是金属，现已扩大到塑料和陶瓷。

（2）表面形状复杂的回转体零件

由于数控车床具有直线和圆弧插补功能，部分车床数控装置还有某些非圆曲线插补功能，所以可以车削由任意直线和平面曲线组成的形状复杂和难以控制尺寸的回转体零件，如具有封闭内成形面的壳体零件。

组成零件轮廓的曲线可以是数学方程式描述的曲线，也可以是列表曲线。对于由直线或圆弧组成的轮廓，直接利用机床的直线或圆弧插补功能。对于由非圆曲线组成的轮廓，可以用非圆曲线插补功能。若所选机床没有曲线插补功能，则可以利用宏程序功能完成方程曲线零件的加工。

如果说车削圆弧零件和圆锥零件既可选用传统车床也可选用数控车床，那么车削复杂形状回转体零件就只能使用数控车床了。

（3）带横向加工的回转体零件

带有键槽或径向孔，或端面有分布的孔系以及有曲面的盘套或轴类零件，如带法兰的轴套、带有键槽或方头的轴类零件等，这类零件宜选车铣加工中心加工。

（4）带一些特殊类型螺纹的零件

传统车床所能切削的螺纹相当有限，它只能车等节距的直、锥面螺纹，而且一台车床只限定加工若干种节距。数控车床不但能车削任意节距的直、锥和端面螺纹，而且能车削增、减节距，以及要求等节距、变节距之间平滑过渡的螺纹和变径螺纹。数控车床车削螺纹时主轴转向不必像传统车床那样交替变换，它可以一刀又一刀不停地循环，直到完成，车削螺纹的效率很高。数控车床可以配备精密螺纹切削功能，再加上采用机夹硬质合金螺纹车刀，以及可以使用较高的转速，所以车削出来的螺纹精度较高、表面粗糙度小。可以说，包括丝杠在内的螺纹零件很适合于在数控车床上加工。

5. 数控车床主要技术参数

数控车床主要技术参数包括最大回转直径、最大车削长度、各坐标轴行程、主轴转速范围、切削进给速度范围、定位精度和刀架定位精度等，具体内容及作用详见表 1.2-1。

表 1.2-1 数控车床的主要技术参数

类 别	主要内容	作 用
尺寸参数	X、Z 轴最大行程	影响加工工件的尺寸范围、刀具、工件与机床之间干涉
	卡盘尺寸	
	最大车削直径	
	最大回转直径	
	最大车削长度	
	尾座套筒移动距离	

（续）

类　　别	主要内容	作　　用
接口参数	刀位数，刀具装夹尺寸	影响工件及刀具安装
	主轴头形式	
	主轴孔及尾座孔锥度、直径	
运动参数	主轴转速范围	影响加工性能及编程参数
	刀架快进速度、切削进给速度范围	
动力参数	主轴电动机功率	影响切削负载
	伺服电动机额定转速	
精度参数	定位精度、重复定位精度	影响加工精度及其一致性
	刀架定位精度、重复定位精度	
其他参数	外形尺寸（长、宽、高）、重量	影响使用环境

2.2　数控车床的操作

1. 数控车床安全操作规程

数控车床是一种自动化程度高、结构复杂且又昂贵的先进加工设备，它与普通车床相比具有加工精度高、加工灵活、通用性强、生产效率高、质量稳定等优点，特别适合加工多品种、小批量、形状复杂的零件，在企业生产中有着至关重要的地位。

数控车床操作者除了应掌握数控车床的性能、精心操作外，还要管好、用好和维护好数控车床，养成文明生产的良好工作习惯和严谨的工作作风，应具有良好的职业素质、责任心，做到安全文明生产，严格遵守以下数控车床安全操作规程。

1）数控系统的编程、操作和维修人员必须经过专门的技术培训，熟悉所用数控车床的使用环境、条件和工作参数等，严格按机床和系统的使用说明书要求正确、合理地操作机床。

2）数控车床的使用环境要避免光的直接照射和其他热辐射，避免太潮湿或粉尘过多，特别要避免有腐蚀性气体。

3）为避免电源不稳定给电子元器件造成损坏，数控车床应采取专线供电或增设稳压装置。

4）数控车床的开机、关机顺序，一定要按照机床说明书的规定操作。

5）在切削铸铁、气割下料的工件前，导轨上的润滑油要擦去，工件上的型砂杂质应清除干净。

6）使用切削液时，要在导轨上涂上润滑油。

7）程序输入后，应仔细核对代码、地址、数值、正负号、小数点及语法是否正确。

8）未装工件前，空运行一次程序，看程序能否顺利运行，刀具和夹具安装是否合理，有无超程现象。

9）在每次电源接通后，必须先完成各轴的返回参考点操作，然后再进入其他运行方式，以确保各轴坐标的正确性。

10）主轴运转前，必须将卡盘扳手取下，确保安全。

11）主轴启动开始切削之前一定要关好防护罩门，程序正常运行中严禁开启防护罩。

12）操作数控车床时只能一人操作，其他人在一旁观看。在加工过程中操作者不得离开岗位或托他人代管，不能做与加工无关的事情。暂时离岗按暂停按钮。要正确使用急停开关，工作中严禁随意拉闸断电。

13）手动对刀时，应注意选择合适的进给速度；手动换刀时，刀架距工件要有足够的转位距离，防止发生碰撞。

14）首件加工应采用单段程序切削，并随时注意调节进给倍率，控制进给量。

15）必须在确认工件夹紧后才能启动机床，数控车床在运行（主轴转动）时不能测量工件，不能用手去摸工件表面，更不允许用砂纸去擦拭工件表面。

16）机床在正常运行时不允许打开电气柜的门。

17）加工过程中，如出现异常危急情况，可按下"急停"按钮，以确保人身和设备的安全。

18）机床发生事故，操作者要注意保留现场，并向指导教师如实说明事故发生前后的情况，以利于分析问题，查找事故原因。

19）要认真填写数控机床的工作日志，做好交接工作，消除事故隐患。

20）不得随意更改数控系统内部制造厂设定的参数，并及时做好备份。

21）要经常润滑机床导轨，防止导轨生锈，并做好机床的清洁保养工作。

2. 数控加工文明生产

1）操作机床期间必须穿工作服，并紧扣袖口、拉好衣服拉链，否则不许上机。禁止戴手套操作机床，有长发的女生要戴工作帽。不准多人同时操作一台机床。

2）数控机床的操作必须在指导老师指导下进行，未经指导老师同意，不允许开动机床。自己编制的程序须经指导老师审查后方可上机运行。

3）启动机床前应检查是否已经将扳手等工具从机床上拿开，放置妥当。机床主轴启动，开始切削时应关好防护门。正常运行时，禁止按急停按钮（若急停后应回零），加工中严禁开启防护门。

4）机床开动期间严禁离开工作岗位做与操作无关的事情，手要时常放在急停或复位按钮上，集中精力，如遇紧急情况迅速按红色急停按钮，并报告指导老师，经修正后方可继续加工。

5）严禁在车间内嬉戏、打闹。严禁在机床间穿梭。

6）学生不得擅自修改、删除机床参数和系统文件，造成事故者，将追究责任。

7）学生应在下课前15min关闭机床、将工具归位、清洁机床，在指导老师指导下对各运动部件添加润滑油，打扫车间的环境卫生，养成良好的实习习惯。

2.3 数控车床保养与维护

数控车床具有集机、电、液于一体的特点，是一种自动化程度高的先进设备。为了充分发挥其效益，减少故障的发生，必须做好日常维护保养工作，使数控系统少出故障，以延长系统的平均无故障时间。所以要求数控车床维护人员不仅要有机械、加工工艺以及液压、气动方面的知识，还要具备电子计算机、自动控制、驱动及测量技术等方面的知识，这样才能全面了解、掌握数控车床，及时搞好维护保养工作。主要的维护保养工作有：

1）严格遵守操作规程和日常维护制度，数控系统的编程、操作和维修人员必须经过专门的技术培训，严格按机床和系统的使用说明书的要求正确、合理地操作机床，应尽量避免因操作不当引起的故障。

2）操作人员在操作机床前必须确认主轴润滑油与导轨润滑油是否符合要求。润滑油不足时，应按说明书的要求加入牌号、型号等合适的润滑油。

3）防止灰尘进入数控装置内，如数控柜空气过滤器灰尘累积过多，会使柜内冷却空气流通不畅，引起柜内温度过高而使数控系统工作不稳定。因此，应根据周围环境温度状况，定期检查清扫。电气柜内电路板和元器件上累积有灰尘时，也得及时清扫。

4）应每天检查数控装置上各个冷却风扇工作是否正常。视工作环境的状况，每半年或每季度检查一次过滤通风道是否有堵塞现象。如过滤网上灰尘积聚过多，应及时清理，否则将导致数控装置内温度过高（一般温度为 55～60℃），致使数控系统不能可靠地工作，甚至发生过热报警。

5）伺服电动机的保养。对于数控车床的伺服电动机，要在 10～12 个月进行一次维护保养，加速或者减速变化频繁的机床要在 2 个月进行一次维护保养。维护保养的主要内容有：用干燥的压缩空气吹去电刷的粉尘，检查电刷的磨损情况，如需更换，需选用规格型号相同的电刷，更换后要空载运行一定时间使其与换向器表面吻合。检查清扫电枢换向器以防止短路；如装有测速电动机和脉冲编码器时，也要进行定期检查和清扫。

6）及时做好清洁保养工作，如电气柜的清扫、印制电路板的清扫等。

7）定期检查电气部件，检查各插头、插座、电缆、继电器的触点是否出现接触不良、断线和短路等故障。检查各印制电路板是否干净。检查主电源变压器、各电动机的绝缘电阻是否在 1MΩ 以上。平时尽量少开电气柜门，以保持电气柜内清洁。

8）经常监视数控系统的电网电压。数控系统允许的电网电压范围在额定值的 85%～110%，如果超出此范围，轻则使数控系统不能稳定工作，重则会造成重要的电子元器件损坏。因此要经常注意电网电压的波动。对于电网质量比较恶劣的地区，应及时配置数控系统用的交流稳压装置，会使故障率有比较明显的降低。

9）定期更换存储器用电池，数控系统中部分 CMOS 存储器中的存储内容在关机时靠电池供电保持。当电池电压降到一定值时就会造成参数丢失。因此，要定期检查电池电压，更换电池时一定要在数控系统通电状态下进行，这样才不会造成存储参数丢失，并做好数据备份。

10）备用印制电路板长期不用容易出现故障，因此对所购数控机床中的备用电路板，应定期装到数控系统中通电运行一段时间，以防止损坏。

11）定期进行机床水平和机械精度检查并校正，机械精度的校正方法有软硬两种。软方法主要是通过系统参数补偿，如丝杠反向间隙补偿、各坐标定位精度定点补偿、机床回参考点位置校正等；硬方法一般要在机床大修时进行，如进行导轨修刮、滚珠丝杠螺母预紧、反向间隙调整等，并适时对各坐标轴进行超程限位检验。

12）长期不用数控车床的保养。在数控车床闲置不用时，应经常给数控系统通电，在机床锁住的情况下，使其空运行。在空气湿度较大的梅雨季节应该天天通电，利用电器元件本身发热驱走数控柜内的潮气，以保证电子元器件的性能稳定可靠。

2.4　数控机床坐标系

数控车床是利用程序控制刀具运动，进而完成工件车削的机床。所以，要使数控车床能够自动完成工件的车削，首先要根据工件信息进行程序编制。

1. 坐标系命名原则

数控机床的坐标系是用来确定其刀具运动的依据。因此，坐标系统对数控程序设计极为重要。为了描述机床的运动，简化程序编制的方法及保证记录数据的互换性，数控机床的坐标系和运动方向已标准化。

（1）工件相对静止、刀具运动的原则

不管机床在实际加工过程中是刀具移动，还是被加工工件移动，都一律假定被加工工件相对静止，而刀具在移动。这样编程人员在不考虑机床上工件与刀具的具体运动的情况下，就可以依据零件图样，确定零件的加工过程并编制程序。

（2）运动方向的原则

刀具远离工件的方向为坐标轴的正方向，即增大工件与刀具距离的方向。如果该种数控机床是刀具移动，用不加 "'" 的字母表示该轴的正方向；如果该种数控机床是工件移动，则用加 "'" 的字母（如 X'、Y'、Z' 等）表示。加与不加 "'" 所表示的移动方向正好相反。

（3）标准坐标系原则

标准的机床坐标系为右手直角笛卡尔坐标系。在普通机床操作时，习惯使用上、下、左、右、向中心、离中心、右旋、左旋、正转和反转等术语，但数控机床加工零件是由数控系统发出的指令来控制的，为了确定机床的运动方向和移动距离，需要在数控机床上建立一个坐标系，这就是机床坐标系。根据 ISO841 标准，数控机床坐标系用右手直角笛卡尔坐标系作为标准确定，右手直角笛卡尔坐标系如图 1.2-11 所示。伸出右手的大拇指、食指和中指，使其互成90°，

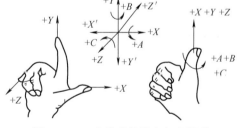

图 1.2-11　右手直角笛卡尔坐标系

则大拇指指向为 X 轴正方向，食指指向为 Y 轴的正方向，中指指向为 Z 轴的正方向。A、B、C 表示绕 X、Y、Z 的轴线或与 X、Y、Z 平行的轴的转向。

（4）机床主轴旋转正方向的确定原则

数控机床主轴旋转运动的正方向是按照右旋螺纹进入工件的方向确定的。对于卧式数控车床，从主轴箱向尾座方向看，主轴顺时针旋转为主轴旋转运动的正方向。

2. 坐标轴及运动方向的确定

（1）Z 坐标轴

Z 坐标轴的方向是由传递切削动力的主轴确定的，与主轴轴线平行的坐标轴为 Z 坐标轴，刀具远离工件的方向为 Z 坐标轴的正方向，对于卧式数控车床，Z 轴和主轴回转中心线重合，且由主轴指向尾座的方向为 Z 轴正方向。

（2）X 坐标轴

X 坐标轴一般是水平的，平行于装夹平面。对于工件旋转的卧式数控车床，X 坐标的方向在工件的径向上。正方向是增大工件与刀具之间距离的方向，如图 1.2-12 所示。

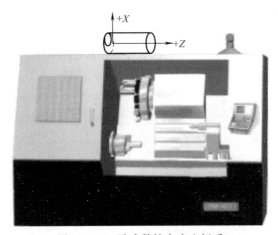

图 1.2-12　卧式数控车床坐标系

（3）Y 坐标轴

判断出 Z 轴和 X 轴后，根据右手直角笛卡尔坐标系，判断出 Y 坐标轴。

3. 数控机床中"点"的概念

（1）机床原点（机械原点）

现代数控机床一般都有一个基准位置（$X=0$，$Y=0$，$Z=0$），称为机床原点，用 M 表示。机床原点是机床制造商设置在机床上的一个物理位置，它在机床装配、调试时已经被确定下来，是机床加工的起始基准点。其作用是使机床与控制系统同步，建立测量机床运动坐标的起始点。机床坐标系建立在机床原点上，是机床上固有的坐标系。

数控车床的机床坐标系原点 M，一般位于卡盘端面与主轴中心线的交点处（图 1.2-13a），或离卡爪端面一定距离处（图 1.2-13b），或机床参考点处（图 1.2-13c）。

（2）机床参考点

对于采用相对位置测量系统的数控机床上电时并不知道机床原点在哪里，为了工作时正确地建立机床坐标系，通常在每个坐标轴的移动范围内设置一个参考点，用 R 表示。机床参考点的位置是由机床制造厂家在每个进给轴上用限位开关调整好的，控制系统启动后，所有的轴都要回一次参考点，以便建立机床坐标系和校正行程测量系统。多数机床都可以自动返回参考点，如因断电使控制系统失去现有坐标值，则可通过返回参考点，重新获得准确的位置值。机床参考点一般不同于机床原点。

（3）工件原点（编程原点、加工原点）

数控机床编程时使用的坐标系为编程坐标系，加工时使用的坐标系为加工坐标系，二者

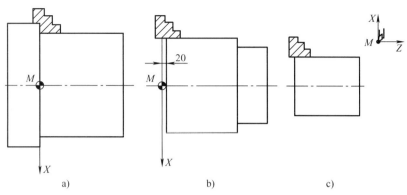

图 1.2-13 数控车床机床坐标系原点

统称为工件坐标系。

编程时，为了编程方便，操作者或编程者选择工件上的一个适当的基准点作为原点建立编程坐标系，此坐标系的零点称为编程原点（或工件原点），用 W 表示。确定编程坐标系时不必考虑工件毛坯在机床上的实际装夹位置，但工件坐标系中各坐标轴应该与所使用的数控机床相应的坐标轴方向一致。编程原点是人为确定的，设定的依据是既要符合尺寸的标注习惯，又要便于编程与加工时定位、找正。

加工时，以确定的加工原点为基准所建立的坐标系称加工坐标系，坐标原点称为加工原点（又称工件原点）。数控车床加工原点，一般选在工件右端面或左端面与主轴轴线的交点上。要想加工出合格的零件，必须通过加工原点偏置，使编程坐标系和加工坐标系重合，即通过测量加工原点与机床原点的距离（往往是加工原点与机床参考点的距离），并把该距离预存到数控系统中，使编程原点和加工原点重合。在自动加工时，加工原点能自动加到工件坐标系上，使数控系统可按机床坐标系确定加工时的绝对坐标值。因此，编程人员可以不考虑工件在机床上的实际安装位置和安装精度，而利用数控系统的原点偏置功能，通过加工原点偏置，补偿工件在工作台上的位置误差。

（4）换刀点

换刀点是为多刀加工的机床而设置的，因为这些机床在加工过程中间要自动换刀。换刀点应设在工件或夹具的外部，以不发生换刀障碍为准，其设定值可用计算或实际测量的方法确定。

2.5 数控编程指令标准介绍

1. 程序代码

数控机床是按照事先编制好的零件加工程序自动地对工件进行加工的高效自动化设备。数控机床所使用的程序是按照一定的格式并以代码的形式编制的，国际标准化组织（ISO）在数控技术方面制定了一系列相应的国际标准，这些标准是数控加工编程的基本原则。在数控加工编程中常用的标准主要有数控纸带的规格、数控机床坐标轴和运动方向、数控编程的编程字符、数控编程的程序段格式、数控编程的功能代码。

国际上通用的有 ISO（国际标准化组织）和 EIA（美国电子工业协会）两种代码，代码中有数字码（0～9）、文字码（A～Z）和符号码。

2. 程序结构

加工程序是数控加工中的核心组成部分。不同的数控系统，其加工程序的结构及程序段格式可能有某些差异。因此，编程人员必须严格按照机床说明书的规定格式进行编程。不过，加工程序的基本内容与结构是相同的。

一个完整的加工程序一般包括程序的开始部分（程序索引号）、内容部分（程序主体）和结束部分（结束符号）。此外，还可以用注释符括号内或分号后的内容对加工程序进行注释。

在加工程序的开头部分要有程序索引号，以便进行程序检索，通常用符号"％"或字母"O"接若干位数字表示。程序索引号就是给数控加工程序一个编号，并说明该零件加工程序的开始；内容部分则表示加工程序的全部内容；结束部分多用"M02"或"M30"表示，并位于加工程序的最后一个程序段。

加工程序结构举例：

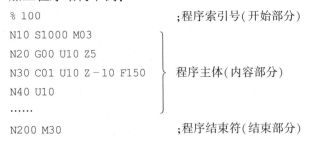

```
% 100                        ;程序索引号(开始部分)
N10 S1000 M03          ⎫
N20 G00 U10 Z5          ⎪
N30 C01 U10 Z - 10 F150 ⎬ 程序主体(内容部分)
N40 U10                 ⎪
……                     ⎭
N200 M30                     ;程序结束符(结束部分)
```

3. 程序格式

（1）程序段的构成要素

数控程序由若干个程序段组成。每个程序段又由若干个指令字组成（简称字），每个字由若干个字符组成。

1）字符。程序段中的每一个数字、字母以及其他符号均称为字符。

2）字。能表示某一功能的、按一定顺序和规定排列的字符集合称为字。数控装置对输入程序的信息处理，都是以字为单位进行的。字是由一个英文字母与随后的若干位十进制数字组成的，这个英文字母称为地址符。例如 G02 是一个字，由字母 G 及数字 0、2 组成，字 G02 定义为顺时针圆弧插补。Y - 20 也是一个字，它表示刀具位移至 Y 轴负方向 20mm 处。

3）程序段。一个程序段表示数控机床的一种操作，对应于零件的某道工序加工。程序段由若干指令字组成，某一格式的程序段如图 1.2-14 所示。

（2）程序段格式

程序段格式是指一个程序段中各自的特定排列顺序及表达形式。不同的数控系统，程序段格式不一定相同。格式不符合规定，数控系统将发出出错报警。

程序段格式主要有固定顺序程序段格式、带分隔符的程序段格式和字地址可变程序段格式。其中，固定顺序程序段格式现在已经很少使用。字地址可变程序段格式是目前国内外广泛使用的格式。带分隔符的程序段格式采用分隔符将各字隔开，每个字的顺序所代表的功能固定不变，这种程序段格式不直观、易出错，常用于功能不多、相对固定

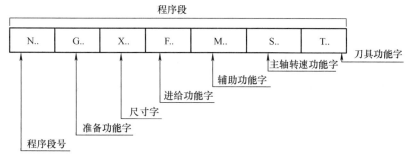

图 1.2-14 程序段格式

的数控装置中。

在这节的加工程序举例就是使用的字地址可变程序段格式,字地址可变程序段格式具有如下特点。

1)在程序段中,每个指令字都是由英文字母加上若干位数字组成。字母代表字的地址,故称为字地址格式。

2)在一个程序段中各字的排列顺序并不严格要求,但习惯上按一定顺序排列,以利于阅读与检查。

3)不需要的字和上一程序段相同的模态字可以不写。模态字也称续效字,指某些经指定的 G 功能字与 M、S、T、F 功能,它一经被运用,就一直有效,直到出现同组的其他模态字时才被取代。

采用这种程序段,即使对同一程序段,写出的字符数也可以不等,因此称为可变程序段格式。它的优点是程序简短、直观、不易出错。

字地址格式程序段输入计算机时,每一地址码决定进入的存储地址单元,下一个地址字的出现,说明前一地址字的结束。

(3)主程序与子程序

在一个加工程序中,如果有几个一连串的程序段完全相同,为了缩短程序,可将这些重复的程序段单独抽出,编成一个程序供调用,这个程序称为子程序。子程序可以被主程序调用,同时子程序也可以调用其他的子程序。

主程序调用子程序可用 M98 指令,从子程序返回可用 M99 指令。

调用子程序格式为:

M98 P__ L__

其中,P 为被调用的子程序号,L 为调用子程序的次数。

调用子程序举例:

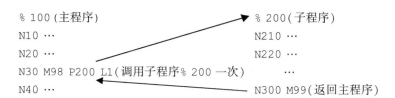

```
%100(主程序)              %200(子程序)
N10 …                     N210 …
N20 …                     N220 …
N30 M98 P200 L1(调用子程序%200一次)   …
N40 …                     N300 M99(返回主程序)
```

4. 程序段中的指令字

组成程序段中的每一个字都有其特定的含义,下面以华中世纪星 HNC - 21T 数控系统的规范来介绍，实际工作中，请遵照机床数控系统说明书来使用各指令功能字。

（1）顺序号字 N

顺序号又称程序段号或程序段序号。顺序号位于程序段之首，由顺序号字 N 和后续 1～4 位的正整数组成，顺序号是地址符。顺序号实际上是加工程序段的名称，与程序执行的先后顺序无关。数控系统不是按顺序号的大小执行的，而是按照程序段编写时的排列顺序逐段执行。

顺序号的作用：方便对程序校对和检索修改；作为条件转向的目标，即作为转向的目的程序段的名称。顺序号在编写程序情况时通常不必书写，一般只在某个功能程序段开始时加上，以利于进行复归操作，从零件中间的程序段执行，或者在某程序段前加上，以便让程序返回此程序段执行。

（2）准备功能字 G

国标中规定准备功能字由地址符 G 和其后的两位数字组成，从 G00 到 G99 共 100 种功能。准备功能字的主要作用是指定数控机床的运动方式，为数控系统的插补运算做好准备。所以它一般紧跟在顺序号之后而位于尺寸字之前。华中世纪星 HNC－21T 数控装置 G 指令功能见表 1.2-2。

表 1.2-2　准备功能字 G 指令功能

代码	功　能	模态指令类型	功能在出现段有效	代码	功　能	模态指令类型	功能在出现段有效
G00	快速定位	a		G65	宏指令简单调用		#
G01	直线插补	a		G71	外径/内径车削复合循环	h	
G02	顺时针圆弧插补	a		G72	端面车削复合循环	h	
G03	逆时针圆弧插补	a		G73	闭环车削复合循环	h	
G04	暂停		*	G76	螺纹切削复合循环	h	
G20	英寸输入	c		G80	外径/内径车削固定循环	h	
G21	毫米输入	c		G81	端面车削固定循环	h	
G28	返回到参考点		*	G82	螺纹切削固定循环	h	
G29	由参考点返回		*	G90	绝对尺寸	j	
G32	螺纹切削	a		G91	增量尺寸	j	
G36	直径编程	e		G92	工件坐标系设定		*
G37	半径编程	e		G94	每分钟进给	k	
G40	刀具补偿/刀具偏置注销	d		G95	主轴每转进给	k	
G41	刀具补偿—左	d		G96	恒线速度切削	i	
G42	刀具补偿—右	d		G97	恒转速切削	i	
G54～G59	坐标系选择	f					

注：1. ＊号表示功能仅在所出现的程序段有效。

　　2. #号表示如做特殊用途，必须在程序格式说明中说明。

G 代码分为两种：一种是模态代码，又称续效代码，它一经在程序中指定，直到出现同组的另一个代码时才失效；另一种是非模态代码，也称非续效代码，它只在写有该代码的程序段中才有效。表 1.2-2 中凡是小写字母相同的代码为同组的模态代码，在同一程序段中，出现几个同一组的模态代码时，最后出现的代码有效；在同一程序段中，出现几个不同组的模态代码时，并不影响 G 代码的续效，而且各代码的排列顺序相对随意。例如，G90、G17 可与 G01 放在同一程序段。

（3）尺寸字

尺寸字也称为坐标字，用于给定各坐标轴位移的方向和数值。它由各坐标轴的地址码及正、负号和其后的数值组成。尺寸字安排在 G 功能字之后。其中，直线进给运动用 X、Y、Z、U、V、W、P、Q、R 表示；绕轴旋转运动用 A、B、C、D、E 表示；确定圆弧圆心用 I、J、K 表示。在一些数控系统中，还可以用 P 指令确定暂停时间，用 R 指令确定圆弧的半径等。尺寸字的直线位移单位多为毫米，也有用脉冲当量的，回转运动单位则用弧度或"转"。当然，一些数控系统还可通过系统参数来选择不同的尺寸单位，具体情况应结合使用的机床来确定。

（4）进给功能字 F

进给功能也称 F 功能，由地址码 F 和其后的数值组成，用于指定切削时刀具相对于工件的合成进给速度。F 的单位取决于 G94 F_ （每分钟进给量 mm/min，如图 1.2-15a 所示）或 G95 F_ （主轴每转一转刀具的进给量 mm/r，如图 1.2-15b 所示）。F 指令在螺纹切削程序段中常用来指定螺纹的导程（对于单线螺纹为螺距）。使用下式可以实现每转进给量与每分钟进给量的转化：

$$f_m = f_r S$$

式中　f_m——每分钟进给量（mm/min）；

f_r——每转进给量（mm/r）；

S——主轴转速（r/min）。

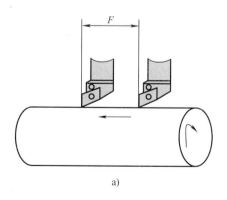
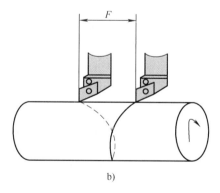

图 1.2-15　每分钟进给量和每转进给量

a）每分钟进给量 G94　b）每转进给量 G95

当数控机床工作在 G01、G02 或 G03 方式下时，编程的 F 值一直有效，直到被新的 F 值所取代。当数控机床工作在 G00 方式下时，快速定位的速度是各轴所定义的最高速度和控制面板上快速修调旋钮倍率的乘积，而与 F 值无关。

借助机床控制面板上的倍率按键，F 值可在一定范围内进行倍率修调。当执行螺纹切削 G76、G82、G32 时，倍率开关失效，进给倍率固定在 100%。

另外，当使用每转进给量方式时，必须在主轴上安装一个位置编码器；采用直径值编程时，X 轴方向的进给速度为：半径的变化量/min 或半径的变化量/r。

选择何种进给方式，与实际加工的工件材料、刀具及工艺要求有关。作为切削用量三要素之一，能否合理地选择进给速度对加工的质量、效率影响很大。

（5）主轴转速功能字 S

主轴的转速是由地址 S 和后面的数字组成的，单位是转/分钟（r/min）。S 指令也是模态代码，对于具有恒线速的数控车床也可以用 G96 S_ 指定为恒线速度（单位为 m/min），如果不需要恒线速可以用 G97 S_ （单位为 r/min）设定主轴为恒转速，而且 S 所编程的主轴转速也可以借助机床控制面板上的主轴倍率开关进行修调。

数控机床主轴旋转方向，用 M03 表示正向旋转，用 M04 表示反向旋转。

主轴旋转正向的确定：刀具旋进工件的方向为主轴旋转的正方向。

数控车床的刀具沿高速旋转的工件轮廓表面进给，刀具和工件接触表面的直径在不断地变化，如果在整个加工过程中主轴转速不变，显然切削速度将随之变化，从而难以维持刀具的最佳切削性能，以致影响工件的加工质量，所以数控车床主轴转速指令要复杂些。

现以华中世纪星 HNC - 21T 数控系统为例，简要介绍部分主轴功能。

① 同步进给控制。在加工螺纹时，主轴的旋转与进给必须保持同步关系，如车削等螺距螺纹时，主轴每转一圈，其进给方向（Z 或 X）必须严格位移一个螺距或导程。其控制方法是通过检测主轴转数及角位移原点（起点）的元件（如主轴脉冲编码器）与数控装置相互进行脉冲信号的传递来实现的。

② 恒线速度控制。在车削表面粗糙度要求十分均匀的变径表面，如端面、圆锥面及任意曲线构成的旋转面时，车床主轴转速必须随着车削工件直径变化而做相应的变化，从而满足切削不同直径时具有恒定的切削速度（线速度），进而才能控制工件表面粗糙度。该功能可由 G96 指令来指定，当需要恢复恒定转速时，可用 G97 指令对其注销。

③ 最高转速控制。当采用恒线速加工变径表面时，由于刀尖所处直径在不断变化，当刀尖接近工件轴线（中心）位置时，因其直径接近零，线速度又规定为恒定值，主轴转速将会急剧升高。为防止因主轴转速过高而发生事故，应该限制主轴最高转速。

（6）刀具功能字 T

刀具功能指令，又称 T 指令，其后的 4 位数字中的前两位为刀具号，后两位为刀具自动补偿的编组号，既可以用于共同表示某种自动补偿（如刀位偏差），也可以表示两种补偿（如刀位长度补偿和刀具半径补偿）。执行 T 指令，转动转塔刀架，选用指定的刀具。

另外，当一个程序段同时包含 T 代码与刀具移动指令时，先执行 T 代码指令，然后执行刀具移动指令。

把对刀过程记录的坐标值以 MDI（录入）方式输入到某刀偏表地址码中（如 01 地址号），则在编程中直接用指令 TXX01 即可自动按机床坐标系的绝对偏置坐标关系来建立起工件坐标系，其中 XX 表示刀架上对应的刀具号。

（7）辅助功能字 M

辅助功能也称 M 功能，由地址符 M 和其后的一或两位数字组成，从 M00 到 M99 共 100 种。辅助功能字用于指定主轴的旋转方向、启动、停止，切削液的开关，工件或刀具的夹紧和松开，刀具的更换等。华中世纪星 HNC – 21T 数控装置 M 指令功能见表 1.2-3（▸标记者为默认值）。

表 1.2-3　M 代码及功能

代　码	模　态	功能说明	代　码	模　态	功能说明
M00	非模态	程序停止	M03	模态	主轴正转启动
M02	非模态	程序结束	M04	模态	主轴反转启动
M30	非模态	程序结束返回程序起点	M05	模态	▸主轴停止转动
M98	非模态	调用子程序	M07	模态	切削液打开
M99	非模态	子程序结束	M09	模态	▸切削液停止

M 功能有非模态 M 功能和模态 M 功能两种形式。

非模态 M 功能（当段有效代码）：只在书写了该代码的程序段中有效。

模态 M 功能（续效代码）：一组可相互注销的 M 功能，这些功能在被同一组的另一个功能注销前一直有效。模态 M 功能组中包含一个默认功能（表 1.2-3），系统上电时将被初始化为该功能。

另外，M 功能还可分为前作用 M 功能和后作用 M 功能两类。

前作用 M 功能：在程序段编制的轴运动之前执行。

后作用 M 功能：在程序段编制的轴运动之后执行。

1）程序暂停指令 M00。当数控系统执行到 M00 指令时，将暂停执行当前程序，以方便操作者进行刀具和工件的尺寸测量、工件掉头、手动变速等操作。

暂停时，机床的进给停止，而全部现存的模态信息保持不变，欲继续执行后续程序，需重按操作面板上的"循环启动"键。M00 为非模态后作用 M 功能。

2）程序结束指令 M02。M02 一般放在主程序的最后一个程序段中。当数控系统执行到 M02 指令时，机床的主轴、进给、切削液全部停止，加工结束。

使用 M02 指令结束程序后，若要重新执行该程序，就得重新调用该程序，或在自动加工子菜单下按子菜单 F4（程序重新运行）键，然后再按操作面板上的"循环启动"键。M02 为非模态后作用 M 功能。

3）程序结束返回程序起点指令 M30。M30 和 M02 功能基本相同，只是 M30 指令还兼有控制返回到零件程序起点（%）的作用。使用 M30 的程序结束后，若要重新执行该程序，只需再次按操作面板上的"循环启动"键。

4）主轴控制指令 M03、M04、M05。

M03 指令启动主轴，以程序中编制的主轴速度顺时针方向（从 Z 轴正向朝 Z 轴负向看）旋转。

M04 指令启动主轴，以程序中编制的主轴速度逆时针方向旋转。

M05 指令使主轴停止旋转。

M03、M04 为模态前作用 M 功能；M05 为模态后作用 M 功能，M05 为默认功能。M03、M04、M05 可相互注销。

5）切削液打开、停止指令 M07、M09。

M07 指令用于打开切削液管道。

M09 指令用于关闭切削液管道。

M07 为模态前作用 M 功能；M09 为模态后作用 M 功能，M09 为默认功能。

第3章 课程定位及学习方法

1. 课程定位

本课程是理实一体化课程，是数控技术专业必修课程，以提高学生的职业行动能力和职业素养为中心，把理论与操作技能有机融合，通过8个子项目让学生由简单到复杂、由单一到综合、逐步掌握零件数控车削加工的一些基本知识和基本操作方法，理解零件数控车削加工的相关工艺知识，掌握常用量具的使用方法。通过项目实践教学方式，培养学生合理制定加工工艺方案的能力、数控机床编程与操作的能力、程序在线传输加工的能力、使用资料及相关工具书的能力、团结协作与人沟通交流能力。

学习本门课程前，学生应掌握机械制图、机械基础、公差配合与检测、金属材料、金属切削原理与刀具等知识，以及具备普通车削、普通铣削的能力。

学习本门课程后，学生将能够进行数控车床的操作训练和考证训练。

2. 课程目标

1）能够胜任企业数控编程岗位和数控机床操作岗位。

2）能够从给定零件图及技术资料中提取数控加工中所需的信息资料。

3）能够合理确定走刀路线、正确选用切削用量和常用刀具、正确使用和选择常用工艺装备。

4）能够分析和制定典型零件的加工工艺，运用数控车床的程序代码编写数控程序。

5）能够完成加工程序的检查和优化。

6）能够熟练地操作数控车床，并能加工出合格的零件。

7）能够对数控车床进行日常维护与保养。

8）能够评价零件加工质量并对加工过程进行监控。

3. 学习方法

本课程采用"项目导向、任务驱动"的教学模式，根据教学课程内容和学生特点，灵活运用案例分析法、分组讨论法、引导问题教学法、多媒体演示教学法、实践法、操作演示法和巡回指导法等多种教学方法进行课程教学，要求学生按下述步骤进行该课程的学习。

1）课程内容主要包括8个子项目，每个项目的学习由项目导入、相关知识、项目实施、拓展知识4部分组成。实施每个项目时，都是一个完整的数控编程工作过程。

2）本课程在介绍编程指令时，以华中世纪星 HNC-21T 数控系统为主，并在最后一个项目拓展知识部分对 FANUC 0i 数控系统和 SIEMENS 802D 数控系统进行了简单扼要的介绍。

3）因为涉及的知识面比较广，所以学生在学习每个项目前，结合学习目标，要进行相关知识的自学。

4）本课程的实践性强，要求学生在教师引导下，独立完成每个项目的实施。

5）以每个项目后面的自测题为参考，检测自己的学习情况。

6）建议在学习过程中，进行分组讨论，互相交流，加深对问题的认识。

7）充分利用学校的仿真软件进行程序的检验与优化。

8）充分利用互联网提供的丰富资源了解数控技术的新知识、新动向。

【自测题】

1. 选择题（请将正确答案的序号填写在题中的括号内）

（1）采用轮廓控制的数控机床是（　　　）。

（A）数控钻床　　　　（B）数控铣床　　　　（C）数控注塑机床　（D）数控平面磨床

（2）数控机床与普通机床相比，在结构上差别最大的部件是（　　　）。

（A）主轴箱　　　　　（B）工作台　　　　　（C）床身　　　　　　（D）进给传动

（3）数控系统的核心是（　　　）。

（A）伺服装置　　　　（B）数控装置　　　　（C）反馈装置　　　　（D）检测装置

（4）工作前必须穿戴好劳动保护品，操作时（　　　），女工戴好工作帽，不准围围巾。

（A）穿好凉鞋　　　　（B）戴好眼镜　　　　（C）戴好手套　　　　（D）铁屑用手拿开

（5）辅助指令 M01 表示（　　　）。

（A）选择停止　　　　（B）程序暂停　　　　（C）程序结束　　　　（D）主程序结束

（6）进给功能用于指定（　　　）。

（A）进刀深度　　　　（B）进给速度　　　　（C）进给转速　　　　（D）进给方向

（7）具有自保持功能的指令称为（　　　）指令。

（A）模态　　　　　　（B）非模态　　　　　（C）初始态　　　　　（D）临时

（8）用于机床刀具编号的指令代码是（　　　）。

（A）F 代码　　　　　（B）T 代码　　　　　（C）M 代码　　　　　（D）H 代码

（9）辅助指令 M03 是主轴（　　　）指令。

（A）反转　　　　　　（B）启动　　　　　　（C）正转　　　　　　（D）停止

（10）数控机床有以下特点，其中不正确的是（　　　）。

（A）具有充分的柔性　　　　　　　　　　（B）能加工复杂形状的零件

（C）加工的零件精度高，质量稳定　　　　（D）大批量、高精度

2. 判断题（请将判断结果填入括号中，正确的填"√"，错误的填"×"）

（　　）（1）主程序结束，程序返回至开始状态，其指令为 M02。

（　　）（2）非模态指令只在本程序段中有效，下一段程序需要时必须重写。

（　　）（3）半闭环、闭环数控机床带有检测反馈装置。

（　　）（4）在编制加工程序时，程序段号可以不写。

（　　）（5）数控机床采用的是笛卡尔坐标系，各轴的方向是用右手来判定的。

（　　）（6）主轴的正反转控制是辅助功能。

（　　）（7）如在同一个程序段中指定了多个属于同一组的 G 代码时，只有最前面那个 G 代码有效。

（　　）（8）点位控制系统不仅要控制从一点到另一点的准确定位，还要控制从一点到另一点的路径。

（　　）（9）数控车床系统中，系统的初态和模态是指加工程序的编程状态。

（　　）（10）机床参考点是数控机床上固有的机械原点，该点到机床坐标原点在进给坐标轴方向上的距离可在机床出厂时设定。

3. 简答题

（1）简述数控车床床身的几种形式。

（2）简述数控车削的主要加工对象。

（3）简述机床原点、机床参考点与编程原点之间的关系。

（4）简述数控车床与普通车床的区别。

（5）与传统机械加工方法相比，数控加工有哪些特点？

加工与编程篇

知识目标：

1. 掌握数控车床的基本编程方法、编程指令、能分析和制订典型零件的加工工艺。
2. 了解车刀的种类、牌号、规格、材料及使用方法，认识刀具几何参数对切削性能的影响。
3. 了解切削三要素（切削速度、进给量、切削深度）正确选择的基本原则。
4. 掌握编程中数学处理的基本知识。
5. 掌握数控车床的操作，能熟练地对刀、确定刀补值，并能加工出合格的零件。

能力目标：

1. 能够胜任企业数控编程岗位和数控机床操作岗位。
2. 能够合理确定走刀路线、正确选用切削用量和常用刀具。
3. 能够正确地使用和选择常用工艺装备。
4. 能够调试加工程序，设置参数。
5. 能够制订加工工艺并实施。
6. 能够完成加工程序的检查和优化。
7. 能够评价零件加工质量并对加工过程进行监控。

项目 1　阶梯轴零件的加工

子项目 1.1　汽车输出轴的加工

知识目标：

1. 掌握数控车床对刀原理及对刀目的。
2. 掌握数控车床的操作面板功能。
3. 掌握华中数控系统的常用编程指令（G90、G91、G00、G01、G71、G80、G81、G92、G54～G59、G36、G37 指令）。
4. 正确使用单一固定循环指令编写简单零件的加工程序。

能力目标：

1. 具备编制车削圆柱面、台阶面数控加工程序的能力。
2. 能正确分析零件表面质量，熟练应用相关量具测量、读数。
3. 掌握尺寸控制方法，完成零件加工。

【项目导入】

加工如图 2.1-1 所示汽车输出轴，工件毛坯为尺寸 $\phi30\,mm \times 105\,mm$ 铝棒料，该零件的生产类型为单件生产，要求设计数控加工工艺方案，编制数控加工程序并完成零件的加工。

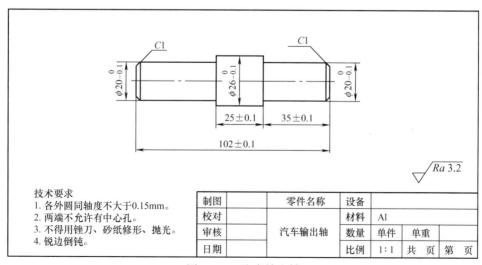

图 2.1-1　汽车输出轴

【相关知识】

1.1.1 数控加工过程

数控加工过程如图2.1-2所示，其具体步骤描述如下。

第1步，首先阅读零件图样，充分了解图样的技术要求（如尺寸精度、几何公差、表面粗糙度、材料、硬度、加工性能以及工件数量等），明确加工内容。

第2步，根据零件图样的要求进行工艺分析，其中包括零件的结构工艺性分析、材料和设计精度合理性分析、大致工艺步骤等。

第3步，根据工艺分析制定出加工所需要的一切工艺信息，如：加工工艺路线、工艺要求、刀具的运动轨迹、切削用量（主轴转速、进给量、切削深度）以及辅助功能（换刀、主轴正转或反转、切削液开或关）等，并填写工艺过程卡和加工工序卡。

第4步，根据零件图和制订的工艺内容，再按照所用数控系统规定的指令代码及程序格式进行数控编程。

第5步，将编写好的程序通过传输接口，输入到数控机床的数控装置中。调整好机床并调用该程序后，加工出符合图样要求的零件。

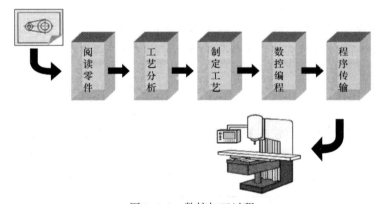

图2.1-2　数控加工过程

1.1.2 基本准备功能指令

准备功能指令主要用来指定机床或数控系统的工作方式。准备功能字由地址和其后的一位或两位数字组成，用来规定刀具和工件的相对运动轨迹、机床坐标系、坐标平面、刀具补偿、坐标偏置等多种加工操作。

1. 绝对尺寸指令和增量尺寸指令

数控加工程序中表示几何点的坐标位置有绝对尺寸和增量尺寸两种方式。

绝对尺寸指机床相对运动部件的坐标尺寸值相对于坐标原点给出，表示程序段中每个尺寸坐标都是从工件原点开始计算的坐标值。增量尺寸指机床运动部件的坐标尺寸值相对于前一位置给出的，该值等于沿轴移动的距离。

（1）G功能指令字

G90指定尺寸值为绝对尺寸。

G91 指定尺寸值为增量尺寸。

G90、G91 为模态功能，可相互注销，G90 为默认值。

【例1-1】　如图 2.1-3 所示，使用 G90、G91 编程，要求刀具由 A 点移动到 B 点。

绝对编程：

G90 G01 X100 Z50 F100

增量编程：

G91 G01 X60 Z-100 F100

（2）用尺寸字地址符指定

绝对尺寸的尺寸字的地址符为 X、Z。

增量尺寸的尺寸字的地址符为 U、W。

这种表达方式的特点是绝对尺寸和增量尺寸可以在同一程序段同时使用，这给编程带来很大方便。选择适当的编程方式可使编程简化，当图样尺寸由一个固定基准给出时，采用绝对方式编程较为方便；而当图样尺寸是以轮廓顶点之间的间距给出时，采用相对方式编程较为方便。值得注意的是，数控系统中，采用增量编程会产生累积误差。因此，编程时应注意考虑编程基准与设计基准重合，从而避免累积误差的产生。

【例1-2】　如图 2.1-3 所示，使用尺寸地址符编程，要求刀具由 A 点移动到 B 点。

绝对编程：

G01 X100 Z50 F100

增量编程：

G01 U60 W-100 F100

混用编程：

G01 X100 W-100 F100　或　G01 U60 Z50 F100

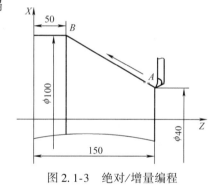

图 2.1-3　绝对/增量编程

2. 快速定位指令 G00

格式：

G00 X(U)__　Z(W)__

说明：

① G00 快速定位指令，一般用于非切削运动，即使刀具快速接近工件或快速远离工件。

② X、Z 为绝对编程时，快速定位终点在工件坐标系中的坐标；U、W 为增量编程时，快速定位终点相对于起点的位移量。

③ G00 指令命令刀具相对于工件以各轴预先设定的速度，从当前位置快速移动到程序段指令的定位目标点位置，快速移动速度由机床参数"快移进给速度"对各轴分别设定，不能用 F 规定。

由于各轴以各自速度移动，不能保证各轴同时到达终点，因而联动直线轴的合成轨迹不一定是直线，操作者必须格外小心，以免刀具与工件发生碰撞。常见的做法是将 X 轴移动到安全位置，再放心地执行G00指令。

　　④ 快速移动速度可由面板上的快速修调旋钮调整。

　　⑤ G00 为模态指令，可由 G01、G02、G03 或 G32 功能注销。

　　【例1-3】　如图2.1-4所示，使用快速定位指令 G00 编程。

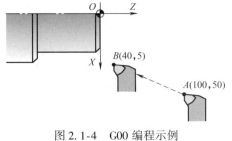

　　从 A 点快速移到 B 点程序（G90 模式）：

```
G90  G00  X40  Z5
```

　　从 A 点快速移到 B 点程序（G91 模式）：

```
G91  G00  X-60  Z-55
```

图 2.1-4　G00 编程示例

3. 直线插补指令 G01

格式：

```
G01 X(U)__  Z(W)__  F__
```

说明：

　　① 该指令命令刀具按给定的速度 F 从当前位置按线性路线（联动直线轴的合成轨迹为直线）移动到程序段指令的终点，进给速度单位有：每分钟进给多少毫米（mm/min）和每转进给多少毫米（mm/r）。

　　② 进给速度 F 单位可由 G95、G94 指定，默认为 G94（mm/min）。

　　③ 绝对编程时，指令中 X、Z 为刀具定位终点在工件坐标系中的坐标；增量编程时，U、W 为刀具定位终点相对于起点的位移量。

　　④ G01 是模态代码，可由 G00、G02、G03 或 G32 功能注销。

　　【例1-4】　如图2.1-5所示，使用直线插补指令 G01 编程。

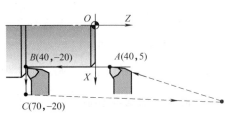

　　从 A 点→B 点→C 点切削程序（G90 模式）：

```
G90 G95 G01 X40 Z5 F0.1
              Z-20
              X70
```

图 2.1-5　G01 编程示例

　　从 A 点→B 点→C 点切削程序（混合编程）：

```
G90 G94 G01 X40 Z5 F100
G91 Z-25
G90 X70 Z-20 G95 F0.1
```

4. 单一固定循环轴向切削指令 G80

（1）圆柱面切削

格式：

```
G80 X(U)__  Z(W)__  F__
```

说明：

　　绝对值编程时，X、Z 为切削终点 C 在工件坐标系下的坐标；增量值编程时，U、W 为

切削终点 C 相对于循环起点 A 的有向距离。

　　该指令执行在刀具的起点和终点之间行成一个封闭的矩形，如图 2.1-6 所示。第 1 刀以 G00 方式动作；第 2 刀为切削圆柱面；第 3 刀切削工件端面；第 4 刀以 G00 方式快速退刀回起点，指令中 F 只对中间两步起作用。

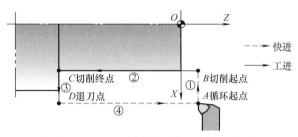

图 2.1-6　G80 车圆柱面走刀路线示意图

（2）圆锥面切削

格式：

G80 X(U)__ Z(W)__ I__ F__

说明：

　　绝对值编程时，X、Z 为切削终点 C 在工件坐标系下的坐标；增量值编程时，U、W 为切削终点 C 相对于循环起点 A 的有向距离。

　　I 为切削起点 B 与切削终点 C 的半径差。其符号为差的符号（无论是绝对值编程还是增量值编程）。该指令执行如图 2.1-7 所示 $A{\rightarrow}B{\rightarrow}C{\rightarrow}D{\rightarrow}A$ 的封闭轮廓。

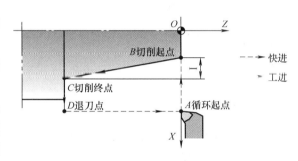

图 2.1-7　车圆锥面走刀路线示意图

【例 1-5】　如图 2.1-8 所示，用 G80 指令编程。

【参考程序】

程　序	注　释
O1001	程序名
% 1001	程序索引号
T0101	调 1 号外圆车刀,建立坐标系
M03 S800	主轴正转,转速 800r/min
G00 X52 Z4	快速到循环点
G80 X40 Z-40 I-5.5 F100	加工第 1 次循环,切削深度 10mm
X35 Z-40 I-5.5 F100	加工第 2 次循环,切削深度 5mm
X30 Z-40 I-5.5 F100	加工第 3 次循环,切削深度 5mm
M30	程序结束,回到主程序

5. 单一固定循环径向切削指令 G81

（1）圆柱端面切削

格式：

G81 X(U)__　Z(W)__　F__

说明：

　　绝对值编程时，X、Z 为切削终点 C 在工件坐标系下的坐标；增量值编程时，U、W 为切削终点 C 相对于循环起点 A 的有向距离。

该指令主要用于加工长径比较小的盘类零件，在加工时执行 $A \rightarrow B \rightarrow C \rightarrow D \rightarrow A$ 的封闭轮廓，如图 2.1-9 所示。G81 区别于 G80，它是先沿着 Z 方向快速进刀，再车削工件端面，退刀光整圆柱面，再快速退回起点。

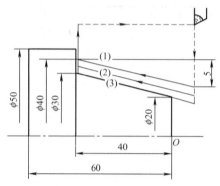

图 2.1-8　G80 切削循环编程示例

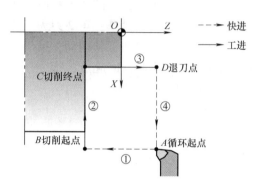

图 2.1-9　G81 车圆柱端面走刀路线示意图

（2）圆锥端面切削

格式：

G81 X(U)__ Z(W)__ K__ F__

说明：

绝对值编程时，X、Z 为切削终点 C 在工件坐标系下的坐标；增量值编程时，U、W 为切削终点 C 相对于循环起点 A 的有向距离。

K 为切削起点 B 相对于切削终点 C 的 Z 向有向距离。

该指令执行如图 2.1-10 所示 $A \rightarrow B \rightarrow C \rightarrow D$ 的封闭轮廓。

【例 1-6】　如图 2.1-11 所示，用 G81 指令编程。

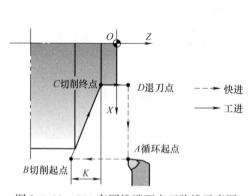

图 2.1-10　G81 车圆锥端面走刀路线示意图

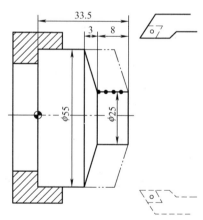

图 2.1-11　G81 切削循环编程示例

【参考程序】

程　序	注　释
O1002	程序名
% 1002	程序索引号

```
N1 G54 G90 G00 X60 Z45 M03          选定坐标系,主轴正转,到循环起点
N2 G81 X25 Z31.5 K-3.5 F100         加工第1次循环,背吃刀量2mm
N3 X25 Z29.5 K-3.5                   每次背吃刀量均为2mm
N4 X25 Z27.5 K-3.5                   每次切削起点距工件外圆面5mm,故K值为-3.5
N5 X25 Z25.5 K-3.5                   加工第4次循环,背吃刀量2mm
N6 M05                              主轴停转
N7 M30                              主程序结束并复位
```

6. 内（外）径复合车削循环指令 G71（无凹槽）

格式：

$G71 \ U(\Delta d) \ R(r) \ P(n_s) \ Q(n_f) \ X(\Delta x) \ Z(\Delta z) \ F(f) \ S(s) \ T(t)$

说明：

该指令执行如图 2.1-12 所示的粗加工和精加工路径，其精加工路径为 $A \rightarrow A' \rightarrow B' \rightarrow B$ 的轨迹。

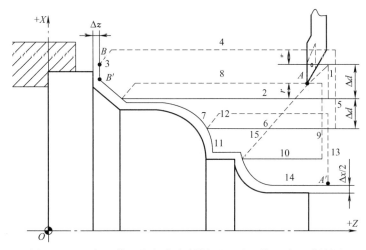

图 2.1-12　内（外）径复合车削循环（无凹槽）走刀路线图

Δd：切削深度（每次切削量），指定时不加符号，方向为起刀点到精加工起始点 X 方向。

r：每次退刀量。

n_s：精加工路径第一程序段的顺序号（即图中的 AA'）。

n_l：精加工路径最后程序段的顺序号（即图中的 $B'B$）。

Δx：X 方向精加工余量（直径值）。

Δz：Z 方向精加工余量。

f，s，t：粗加工时 G71 循环指令中编程的 F、S、T 有效，而精加工处于 n_s 到 n_f 程序段之间的 F、S、T 有效。

G71 切削循环下，切削进给方向平行于 Z 轴，$X(\Delta x)$ 和 $Z(\Delta z)$ 的符号意义为：（＋）表示沿轴正方向移动，（－）表示沿轴负方向移动。

注意：

① 循环第一程序段必须是 X 方向走刀动作。

② 华中系统 **G71** 指令可用来加工有内凹结构的工件。

③ 循环起点的选择应在接近工件处以缩短刀具行程和避免空走刀。

【例1-7】 外径复合车削循环指令 G71（无凹槽）编程示例：编制如图 2.1-13 所示零件的加工程序。毛坯为 ϕ42mm 的棒料，从右端至左端轴向走刀切削，粗加工每次进给深度 1.5mm，精加工余量 X 向 0.5mm，Z 向 0.1mm，工件程序原点如图所示。

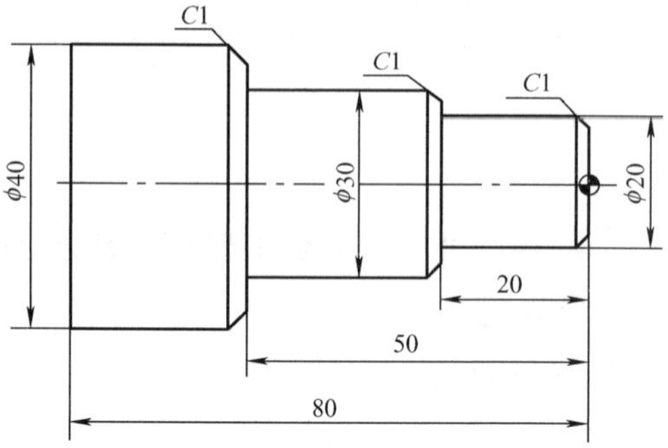

【参考程序】

图 2.1-13 G71 外径复合循环编程示例

程 序	注 释
O1003	程序名
% 1003	程序索引号
T0101	调1号外圆车刀，建立坐标系
M03 S1000	主轴正转，转速1000r/min
G0 X45 Z2	快速到循环点
G71 U1.5 R1 P1 Q2 X0.5 Z0.1 F100	粗车循环，每次切削深度1.5mm，退刀量1mm
G00 X80 Z80	回到换刀点
T0202	调2号外圆车刀，建立坐标系
M03 S1500	主轴正转，转速1500r/min
G00 X45 Z2	快速到循环点
N1 G00 X0	精加工开始
G01 Z0 F80	
X18	切削端面
X20 Z−1	倒角 C1
Z−20	切削 ϕ20 外圆，长 20mm
X28	切削端面
X30 W−1	倒角 C1
Z−50	切削 ϕ30 外圆至 50mm
X38	切削端面
X40 W−1	倒角 C1
Z−85	切削 ϕ40 外圆至 85mm
N2 X43	精加工结束
G00 X80 Z80	回到换刀点
M05	主轴停转
M30	程序结束

1.1.3 认识数控车操作面板

1. HNC‑21T 型数控系统的控制面板及组成

显示器窗口主界面简介。数控车操作面板分成 4 个区域：①为显示区，②为软功能键区，③为 MDI 键盘，④为机床操作按键，如图 2.1-14 所示。

（1）常用软件界面操作部分

在操作面板上有对应于软件操作界面的 10 个功能键 F1～F10，来完成自动加工、程序编辑、参数设定和故障诊断等，另外，还配有标准化字母数字式 MDI 键盘。

1）正文及图形显示窗口（主画面）。根据系统所处的显示状态而有所不同。在编辑程序时，主要用于显示程序内容。在自动加工或校验时，可连续按 F9 功能键切换显示状态，如图 2.1-15 所示显示程序（正文）、指令坐标（大字符）和监控图形等。

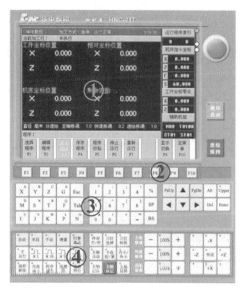

图 2.1-14　HNC－21T 型数控系统的控制面板

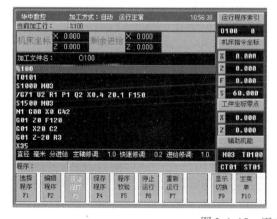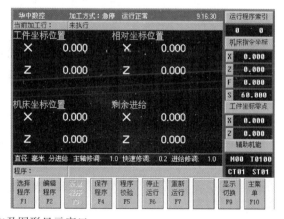

图 2.1-15　正文及图形显示窗口

2）坐标数据显示。用于显示 X、Z 的坐标值及当前的进给速度 F 值。坐标值内容可根据需要选定为指令位置/实际位置/剩余进给/跟踪误差/负载电流/补偿值/机床坐标系/工件坐标系/相对坐标系，如图 2.1-16 所示。

① 机床实际坐标。选定的坐标值，可在机床相对坐标、机床实际坐标、工件实际坐标、指令坐标、剩余进给等之间相互转换。

② 机床坐标。刀具当前位置在机床坐标系下的坐标。

③ 剩余进给。当前程序段的终点与实际位置之差。

3）工件坐标零点。可显示工件坐标系零点在机床坐标系下的坐标值。

4）辅助机能。显示程序运行过程中当前 M、S、T 指令的模态值。

控制软件的各个功能基本上是通过切换菜单，选择相应的功能按键（F1～F10）而启动

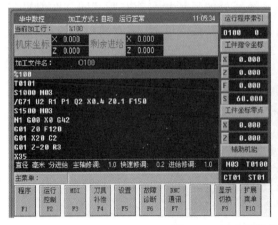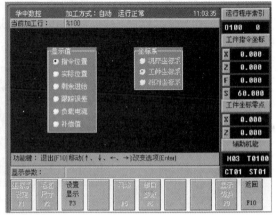

图 2.1-16 坐标数据及辅助机能显示窗口

执行的。

每次启动控制软件时，都处于基本功能的主菜单下；按 F10 功能键，即切换到扩展功能的主菜单；在扩展功能菜单下按 F10 键，则又可切换返回到基本功能主菜单。

在基本和扩展功能主菜单下，按下某功能键即切换到相应功能的子菜单，程序子菜单如图 2.1-17 所示。

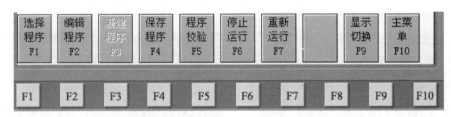

图 2.1-17 程序子菜单

5）运行程序索引。它包括自动加工中的程序名及当前程序段号。

6）当前加工程序行。可显示当前正在或将要加工的程序段。

7）加工方式、系统运行状态及系统时钟。加工方式显示系统当前的运行方式，可在自动（运行）、单段（运行）、手动（运行）、增量（运行）、回零、急停、复位等之间相互切换；系统运行状态可在"正常"和"出错"之间切换；系统时钟可显示当前时间。

（2）程序编辑部分操作

1）程序的编辑。开机后，系统会进入主界面，如不是可按 F10 切换。回完参考点后，在手动状态下把机床锁住。在主菜单按 F1 键，出现程序下级菜单，编辑程序按 F2 键，出现编辑程序菜单，可以直接编辑内存中存在的程序，如果想新建程序，按 F3 键，出现输入新建文件名，可以输入以 O + 数字组合的文件名再按 Enter 键即可进行程序编辑，如图 2.1-18 所示。

进入编辑界面后可以输入程序。MDI 键盘如图 2.1-19 所示，如需要输入数字"1"，按数字键 1 即可；如需要输入字母"X"，按字母键 X 即可，如需要输入字母"A"，须按住字母键 Upper 再按字母键 X。BS 用于删去光标前一个字符，Del 是删去光标后一个字符。利用 PaUp PgDn ◀ ▼ ▲ ▶ 可以移动光标位置。

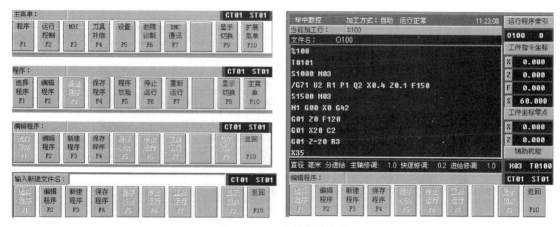

图 2.1-18 程序编辑操作

图 2.1-19 MDI 键盘

2）程序的调用。在操作主界面上按主菜单程序 F1 键，再按程序子菜单选择程序 F1 键，出现所要选择的程序名称，移动上、下光标到欲调用的程序名处，按 Enter 键即可选择此程序。

3）程序的删除。在操作主界面上按主菜单程序 F1 键，再按程序子菜单选择程序 F1 键，出现所要选择的程序名称，移动上、下光标到欲删除的程序名处，按 Del 键，系统出现"是否删除这个程序"的提示框，按 Enter 键即可删除此程序，按 N 键即可取消删除此程序。

4）程序的复制。打开一个已经存储的文件，按"保存程序"键，输入另一个程序名，即可完成一个完整程序的复制；还可以用快捷键 Alt + B（定义程序块头）、Alt + E（定义程序块尾）、Alt + C（程序复制）、Alt + X（程序剪切）、Alt + V（程序粘贴）完成一个程序全部或部分的复制，该功能不仅可以在同一程序中使用，还可以在不同的程序之间使用。

（3）刀具数据设置

在软件操作界面主菜单下按刀具补偿 F4 键进入刀具补偿功能子菜单，如图 2.1-20 所示。

图 2.1-20 刀具补偿功能子菜单

1）刀偏表设置。按图 2.1-20 所示的 F1 键，窗口将出现刀偏表，如图 2.1-21 所示。在此表中可进行数据设置。

用上、下、左、右光标键，PaUp 键，PgDn 键来移动蓝色亮条，选择要编辑的选项。按

刀偏号	X偏置	Z偏置	X磨损	Z磨损	试切直径	试切长度
#0001	0.000	0.000	0.000	0.000	0.000	0.000
#0002	0.000	0.000	0.000	0.000	0.000	0.000
#0003	0.000	0.000	0.000	0.000	0.000	0.000
#0004	0.000	0.000	0.000	0.000	0.000	0.000
#0005	0.000	0.000	0.000	0.000	0.000	0.000
#0006	0.000	0.000	0.000	0.000	0.000	0.000
#0007	0.000	0.000	0.000	0.000	0.000	0.000
#0008	0.000	0.000	0.000	0.000	0.000	0.000
#0009	0.000	0.000	0.000	0.000	0.000	0.000
#0010	0.000	0.000	0.000	0.000	0.000	0.000
#0011	0.000	0.000	0.000	0.000	0.000	0.000
#0012	0.000	0.000	0.000	0.000	0.000	0.000
#0013	0.000	0.000	0.000	0.000	0.000	0.000

图 2.1-21　刀偏表

Enter 键，蓝色亮条所指数据的颜色和背景都发生变化，并有一光标在闪；用 BS、Del 键进行编辑或修改，完毕后按 Enter 键确认。

2）刀补表的设置。按图 2.1-20 所示的 F2 键，图形窗口将出现刀补表，如图 2.1-22 所示（设置和刀偏表设置相同）。

刀补表:

刀补号	半径	刀尖方位
#0001	0.000	3
#0002	0.000	3
#0003	0.000	3
#0004	0.000	3
#0005	0.000	3
#0006	0.000	3
#0007	0.000	3
#0008	0.000	0
#0009	0.000	2
#0010	0.000	0
#0011	0.000	0
#0012	0.000	0
#0013	0.000	0

图 2.1-22　刀补表

（4）图形放大倍数与刀具移动

图形放大倍数的调整可以按键盘上的翻页（PaUp、PgDn）键放大和缩小，刀具移动可以按上下光标键。

2. 机床手动操作

（1）机床手动操作面板

机床手动操作面板有自动、单段、增量、回参考点、机床锁住、超程解除、冷却开/停、刀位转换、主轴正/反转、主轴停止、主轴修调、快速修调、进给修调等按键，如图 2.1-23 所示。

（2）坐标轴移动和各种修调及操作

坐标轴的移动和修调操作由手持单元和控制面板上的手动、进给修调、快速修调等按键共同完成。点动部分、修调部分操作面板如图 2.1-23 所示。

图 2.1-23　机床控制面板

1）点动进给。在手动方式下可以移动机床坐标轴，按下"＋X"或"－X"键指示灯亮，X轴将产生正向或负向连续移动，其实际移动速度等于系统内部设定的快移速度乘进给速度修调倍率，松开"＋X"或"－X"键指示灯灭，X轴将减速停止。用同样的方法可以移动Z轴，也可以实行X轴和Z轴的联动。

2）点动快进。在点动进给时，若同时按压"快进"按键，则在对应轴方向上，将无视进给速度修调倍率的设定，以系统内部设定的快移速度产生位移。

3）主轴修调。主轴调速可在选定的转速（即100%）值的0～150%调速。

4）快速修调。X轴和Z轴的移动可在0～100%进行修调。

5）进给修调。MDI方式及自动运行方式下，可通过此开关设定进给速度修调倍率（修调范围为0～150%）。按进给修调100%按键，指示灯亮，进给修调倍率被置为100%；按"＋"进给修调按键，进给修调倍率默认是按10%递增；按"－"进给修调按键，进给修调倍率默认是按10%递减。如程序指令为F200，倍率开关处于30%，则实际进给速度为$200\,\mathrm{mm/min} \times 30\% = 60\,\mathrm{mm/min}$。

（3）主轴控制、刀位转换、增量及其他操作

主轴控制、刀位转换、增量及其他操作由机床操作面板上的方式选择、主轴手动、增量倍率等共同完成，操作面板如图2.1-23所示。

1）增量进给。手持单元的坐标轴选择开关置于"OFF"档时，按一下控制面板上的"增量"键，指示灯亮，系统处于增量进给方式，可以移动机床坐标轴。如按一下"＋X"或"－X"键，指示灯亮，X轴将向正向或负向移动一个增量值。当连续按时它将连续移动。同理，Z轴也如此。

2）增量值的选择。在步进方式下，可通过此开关设定增量进给倍率（共有×1、×10、×100、×1000四档）。若此开关处于×100档，则每按压轴移动方向按键一次，拖板在相应的方向移动0.1mm（即100个设定单位）。

3）手摇进给。当手持单元的坐标轴选择开关置于"X"或"Z"档时，按一下控制面板上的增量按键，指示灯亮，系统处于手摇进给方式，可以手摇进给机床坐标轴。手持单元的坐标轴选择波段开关置于"X"档，顺时针/逆时针旋转手摇脉冲发生器一格，可控制X轴向正向或负向移动一个增量值。同理，Z轴也如此。

4）主轴手动控制、速度修调、点动及停止。主轴手动控制由机床控制面板上的主轴手动控制按键完成。

① 主轴正转。在手动方式下，按一下"主轴正转"键，主轴电动机正转，同时键内指示灯点亮。按主轴修调100%按键，指示灯亮，这时主轴以设定的转速正转。当按一下主轴修调"＋"键时，主轴修调倍率递增10%；当按一下主轴修调"－"键时，主轴修调倍率

递减10%。同理，主轴反转时操作也如此。

② 主轴停转。按一下"主轴停止"键，主轴电动机运转停止，同时键内指示灯点亮。

③ 主轴点动。按一下"主轴点动"键，指示灯亮，主轴将按照系统设定的转速正向转动；松开"主轴点动"键，指示灯灭，主轴降速直至停止转动。

5）手动换刀操作。在手动方式下，在按下"刀位选择"键后，如果目的刀架位置和当前刀架位置不一致，再按"刀位转换"键，刀架将自动转动到指定刀位。

6）冷却启动与停止。在手动方式下，按"冷却开停"键，供液电动机启动，打开切削液，再按此键，供液停止。

（4）手动数据 MDI 运行方式

MDI 是指以命令行形式的程序执行方法，它可以从计算机键盘接受一行程序指令，并能立即执行。采用 MDI 操作可进行局部范围的修整加工以及快速精确的位置调整。MDI 操作的步骤如下。

在基本功能主菜单（图2.1-24）下，按 MDI F3 功能键切换到 MDI 子菜单。

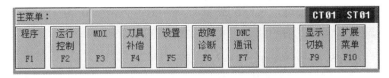

图 2.1-24 主菜单

MDI 功能显示窗口如图 2.1-25 所示。进入 MDI 菜单后命令行的底色变成了白色并且有光标在闪烁。这时可以从 MDI 键盘输入指令，在系统处于单段或自动运行模式下，按"循环启动"键，系统将执行输入指令，即 MDI 运行。

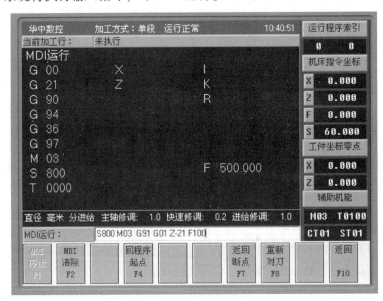

图 2.1-25 MDI 功能显示窗口

（5）回参考点、超程解除、机床锁住与空运行

1）回参考点。按"回零"键，指示灯亮，系统处于手动回参考点方式，可手动返回参考点，接着按"＋X"键，刀架做返回参考点移动。如做快速移动可按"快进"键。当返

回参考点结束时，指示灯亮，即完成回参考点操作，Z 向也是如此。

2）超程解除。当某进给轴沿某一方向持续移动而碰到行程硬限位保护开关时，系统即处于超程报警保护状态，若要退出此保护状态必须进行如下操作：一直按"超程解除"键，松开"急停"按钮，将工作方式改为"手动"或"手摇"方式，在"手动"或"手摇"方式下使该轴向相反方向退出超程状态，最后松开"超程解除"键。

3）机床锁住。此键用于手动状态下禁止机床坐标轴动作。在自动运行开始前，将此键按下，再按"循环启动"键执行程序，则送往机械部分的控制信息将被截断，机械部分不动。数控装置内部在照常进行控制运算，同时 CRT 显示信息也在变化。这一功能主要用于校验程序，检查语法错误。

4）空运行。在自动方式下，按"空运行"键，指示灯亮，系统处于空运行状态，程序中所编制的进给速率被忽略，坐标轴以最大快移速度移动但并不切削，而是确认切削路径及程序，在加工中应关闭此功能键，否则可能会造成危险，此功能键对螺纹无效。

3. 系统装置上电、复位、急停与关机

（1）系统装置上电

机床上电前应检查"急停"按钮是否按下，上电后应检查风扇电动机是否运行和面板上的指示灯是否正常。接通数控装置电源后，将自动运行系统软件，显示器显示为软件操作界面，工作方式为"急停"。

（2）机床复位

系统上电进入软件操作界面时，工作方式为"急停"。为控制系统运行，须将"急停"按钮左旋复位，使伺服电源接通。

（3）机床急停

机床运行过程中，出现紧急情况时，按下"急停"按钮，伺服进给及主轴运转立即停止，CNC 进入急停状态。紧急情况解除后，顺时针方向转动按钮可以退出急停状态。

（4）机床关机

按下操作面板上"急停"按钮，断开机床电源。

4. 自动运行、单段运行、终止运行与任意行运行

（1）自动运行

按一下"自动"键，指示灯亮，系统处于自动运行方式，机床坐标轴由 CNC 自动完成。

1）自动运行启动。在自动加工功能菜单下，当选择并调入需要运行的加工程序后，再置工作方式开关于"自动"方式，然后按"循环启动"键，指示灯亮，即开始自动执行程序指令。机床进给轴将以程序指令的速度移动。这种启动同时适用于 MDI 运行和单段运行方式。

2）自动运行暂停。在自动运行时，按"进给保持"键，指示灯亮，机床运动轴减速停止，程序暂停执行，但加工状态数据将保持，若再按一下"循环启动"键，系统将重新启动，从暂停前的状态继续运行，M、S、T 各功能保持不变。

【注意】若暂停期间按过主轴停转，继续运行前，必须先启动主轴；否则，将有引发事故的可能。

（2）单段运行

按"单段"键，指示灯亮，再按"循环启动"键，系统处于单段自动运行方式，程序

单段运行结束后进给停止。第二次按"循环启动"键，将运行下一行程序段。

（3）终止运行

程序运行过程中，需要终止运行时须在自动运行子菜单下按 F7 键，在命令行中弹出"您是否要取消当前运行程序（Y/N）?"。如按"Y"键则中止程序运行，并卸载当前运行的程序。

（4）任意行运行

若从程序单中某一行开始加工，则须在自动加工模式调出程序，并在主菜单中按程序控制键 F2，出现图2.1-26 所示"任意行运行"对话框，用上、下光标键可以进行选择。

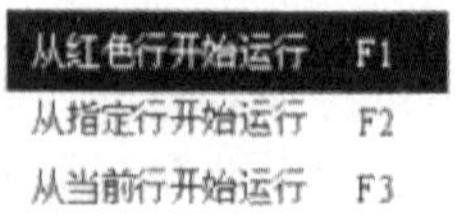

从红色行开始运行	F1
从指定行开始运行	F2
从当前行开始运行	F3

图2.1-26 "任意行运行"对话框

1）在自动加工状态下，调用所选定的加工程序后，用上、下光标键选定某程序段。如选择第33行，在主菜单中按程序控制键 F2，出现如图2.1-26 所示"任意行运行"对话框，再按 F1 键，即"从红色行开始运行"，接着按 Enter 键，最后按"循环启动"键，系统就从第33行开始加工。

2）若在主菜单按程序控制键 F2，出现如图2.1-26 所示"任意行运行"对话框，再按 F2 键，从指定行开始运行，即出现输入选定行号命令条。若选定行号"33"则输入"33"，再按 Enter 键，最后按"循环启动"键即可从第"33"行开始进行加工。

【注意】从任意行运行程序，千万要注意系统对选定刀具的识别以及刀具补偿的数值，保证安全操作。

【项目实施】

1. 汽车输出轴的工艺分析

（1）零件图工艺分析

图2.1-1 所示零件结构较简单，主要由外圆柱面组成，每个表面的直径尺寸都有0.1mm的尺寸精度，加工后的表面粗糙度为 $Ra3.2\mu m$，可通过选用合适的刀具及其几何参数，正确的粗、精加工路线，合理的切削用量等措施来保证，零件图尺寸标注完整，符合数控加工尺寸标注要求，轮廓描述清楚完整。零件毛坯材料为 $\phi30mm \times 105mm$ 铝棒料，无热处理和硬度要求，$\phi20_{-0.1}^{0}$、$\phi26_{-0.1}^{0}$、$\phi20_{-0.1}^{0}$ 3个表面有同轴度要求，加工数量为单件生产。

通过上述分析，采取以下两点工艺措施。

① 零件图样上带公差的尺寸仅有一个，编程时取公称尺寸、上偏差、下偏差都可以。因为后续加工时要通过调整刀具磨损补偿来获得零件的尺寸精度。

② 零件毛坯为铝棒料，粗加工余量较小，零件的结构形状较为简单，但为了简化程序的编制，提高加工效率，第一次装夹粗车可采用复合循环指令进行编程，掉头装夹采用单一固定循环指令进行编程。

（2）确定装夹方案

本任务采用二次装夹工件，因为是单件生产，零件的装夹要尽量选用已有的通用夹具装夹，第一次装夹时，采用自定心卡盘夹持工件左端，棒料伸出卡爪外70mm，完成零件右端面、$\phi26$ 和 $\phi20$ 外圆柱面和 $C0.5$、$C1$ 倒角的粗、精加工，同时设置第一个工件坐标原点（工件右端面与主轴中心线交点处）。

第二次装夹时，用自定心卡盘夹住零件另一端，完成 $\phi20$ 外圆柱面和 $C0.5$、$C1$ 倒角的粗、精加工，同时设置第二个工件坐标原点（工件左端面与主轴中心线交点处）。

（3）确定加工顺序及走刀路线

该零件为单件生产，加工顺序的确定按先主后次、由粗到精、由近到远的加工原则确定加工路线，在一次装夹中尽可能加工出较多的工件表面。结合本零件的结构特征，可先粗加工外轮廓表面，然后精加工外轮廓表面，车削走刀路线可沿零件轮廓顺序进行。

加工顺序安排如下：

1）在数控车床上用自定心卡盘夹持工件毛坯外圆，棒料伸出卡爪外 70mm，用 93°菱形外圆车刀手动平右端面。

2）粗车 $C1$ 倒角、$\phi20$ 和 $\phi26$ 外圆柱面、$C0.5$ 倒角，长度至 62mm。

3）精车上述轮廓。

4）掉头装夹，用 93°菱形外圆车刀手动平左端面。

5）用 90°端面车刀切削左端面，并保总长。

6）粗、精车左端 $\phi20$ 外圆柱面及倒角。

（4）刀具选择

根据加工内容所需刀具如图 2.1-27 所示。考虑该零件为单件生产，粗、精加工可使用同一把刀具，所以，外圆车刀选用 93°菱形外圆车刀，刀具圆弧半径为 0.8mm，完成外轮廓的粗车与精车，为了提高效率，端面采用 90°端面车刀，刀片选刀尖角为 80°的 C 型刀片，完成端面的加工并保证总长。

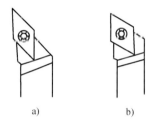

a)   b)

图 2.1-27 加工所需刀具
a) 93°菱形外圆车刀 b) 90°端面车刀

（5）切削用量选择

根据被加工表面质量要求、刀具材料、工件材料以及机床的刚性，参考切削用量手册或根据刀具厂商提供的参数选取主轴转速与进给量，见表 2.1-1。

切削深度的选择因粗、精加工而有所不同。粗加工时，在工艺系统刚性和机床功率允许的情况下，尽可能取较大的切削深度，以减少进给次数，精加工为保证零件表面粗糙度要求，进给速度取 0.1mm/r，切削深度一般取 0.1~0.4mm 较为合适。

表 2.1-1 刀具与切削参数参考表

加工顺序号	刀具			切削参数			精加工余量/mm
	刀具号	刀具名称	刀片材料	主轴转速/(r/min)	进给量/(mm/r)	切削深度/mm	
1	T01	外圆车刀	硬质合金	800	手工操作		
2	T01	外圆粗车刀	硬质合金	800	0.2	1	0.4 (X) 0.1 (Z)
3	T01	外圆精车刀	硬质合金	1200	0.1	0.4	
4	T01	外圆车刀	硬质合金	800	手工操作		
5	T02	端面车刀	硬质合金	800	0.1		
6	T01	外圆粗车刀	硬质合金	800	0.2		0.4 (X) 0.1 (Z)
7	T01	外圆精车刀	硬质合金	1200	0.1	0.4	

2. 汽车输出轴的加工任务实施

（1）零件的程序编制

1）数控编程方法有手工编程和自动编程两种。

手工编程是指从零件图样分析工艺处理、数据计算、编写程序单、输入程序到程序校验等各步骤主要由人工完成的编程过程。它适用于点位加工或几何形状不太复杂的零件的加工，以及计算较简单，程序段不多，编程易于实现的场合等。

对于几何形状复杂的零件（尤其是空间曲面组成的零件），以及几何元素不复杂但需编制程序量很大的零件，由于编程时计算数值的工作相当烦琐，工作量大，容易出错，程序校验也较困难，用手工编程难以完成，因此要采用自动编程。

所谓自动编程即程序编制工作的大部分或全部由计算机完成，可以有效解决复杂零件的加工问题，也是数控编程未来的发展趋势。同时，也要看到手工编程是自动编程的基础，自动编程中许多核心经验都来源于手工编程，二者相辅相成。

2）零件的程序编制。

【参考程序】

程 序	注 释
O1004	程序名
% 1004	程序索引号
T0101	调1号外圆车刀,建立坐标系
S800 M03	主轴正转,转速800r/min
G00 X32 Z5	快速到循环点
G71 U1 R1 P1 Q2 X0.4 Z0.1 F160	粗车循环
G00 X80 Z80	回到换刀点
M05	主轴停转
M00	程序暂停
T0101	重新调1号外圆车刀,建立坐标系
S1200 M03	主轴正转,转速1200r/min
G00 X32 Z5	快速到循环点
N1 G00 X0	精加工开始
G01 Z0 F120	
X18	
X20 Z−1	
Z−35	
X25	
X26 Z−35.5	
N2 G01 Z−62	精加工结束
G00 X80 Z80	回到换刀点
M30	程序结束
O1005	程序名
% 1005(掉头车削程序)	程序索引号
T0202	调2号端面车刀,建立坐标系
S800 M03	主轴正转,转速800r/min
G00 X32 Z5	快速到循环点
G81 X0 Z1.5 F80	

```
X0 Z0
G00 X80 Z80                        回到换刀点
M05                                主轴停转
M00                                程序暂停
T0101                              调1号外圆车刀,建立坐标系
S800 M03                           主轴正转,转速800r/min
G00 X32 Z5                         快速到循环点
G80 X28 Z-41.9 F160
X26 Z-41.9
X24 Z-41.9
X22 Z-41.9
X20.4 Z-41.9
G00 X80 Z80                        回到换刀点
M05                                主轴停转
M00                                程序暂停
T0101                              重新调1号外圆车刀,建立坐标系
S1200 M03                          主轴正转,转速1200r/min
G00 X14 Z2                         快速到循环点
G01 X20 Z-1 F120                   精加工外轮廓
Z-42
X25
X28 Z-43.5
G00 X80 Z80                        回到换刀点
M30                                程序结束
```

（2）数控车床的对刀

1）开机回参考点。机床上电后，一般要求必须回参考点，然后再进入其他运行方式，以确保机床坐标系的建立，消除反向间隙及机床误差等。回参考点操作如图 2.1-28 所示。

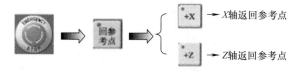

图 2.1-28　回参考点操作图

2）装刀具。所用华中世纪星数控车床为四工位自动刀架，装刀须调整刀尖与主轴中心线等高，调整方法为顶尖法或试切法。刀杆伸出长度应为刀杆厚度的 1～1.5 倍。

3）装工件。装夹要点说明如下：

① 用自定心卡盘装夹工件进行粗车或精车时，若工件直径小于或等于 30mm，其悬伸长度应不大于直径的 5 倍，若工件直径大于 30mm，其悬伸长度应不大于直径的 3 倍。

② 用单动卡盘、花盘、角铁（弯板）等装夹不规则偏重工件时，必须加配重。

③ 在顶尖间加工轴类工件时，车削前要调整尾座顶尖轴线与车床主轴轴线重合。

④ 在两顶尖间加工细长轴时，应使用跟刀架或中心架。在加工过程中要注意调整顶尖的顶紧力，固定顶尖和中心架应注意润滑。

⑤ 使用尾座时，套筒尽量伸出短些，以减小振动。

工件的安装。工件安装注意事项如下：

① 力求符合设计基准、工艺基准、安装基准和工件坐标系基准的统一。

② 减少装夹次数，尽可能做到在一次装夹后能加工全部待加工表面。

③ 尽可能采用专用夹具，减少占机装夹与调整的时间。

采用自定心卡盘，工件的装夹、找正与卧式车床基本相同。对于圆棒料在装夹时应水平放置在卡盘的卡爪中，并经校正后旋紧卡盘的扳手，工件夹紧找正随即完成。

4）数控车床的对刀。

数控车削加工中，应首先确定零件的加工坐标系原点，以方便编程，这需要通过对刀来完成，同时考虑刀具尺寸的不同以及刀具在刀架上安装位置的不同，需要对每把刀具都进行对刀。常用的对刀方式有手动对刀和自动对刀两种。

① 手动对刀。手动对刀是目前使用较多的对刀方式，手动对刀一般通过试切法对刀，以得到更加准确和可靠的结果。

下面以 Z 向对刀为例说明对刀方法，以卡盘端面与工件回转中心线交点为工件坐标系原点。刀具安装后，先移动刀具，手动切削工件右端面，再沿 X 向退刀，将右端面与加工原点距离 N 输入数控系统，即完成这把刀具 Z 向对刀过程。华中世纪星数控系统需要在对刀界面（刀偏表）中相应刀号的"试切长度"位置处输入数值 N 即可完成 Z 向对刀，具体操作步骤如图 2.1-29 所示。

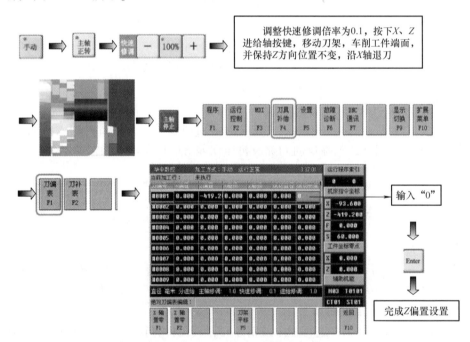

图 2.1-29　Z 向对刀操作流程图

X 向对刀只需用刀具试切一段台阶，然后刀具沿 Z 向退刀后，停转主轴，测量工件试切直径，然后在相应对刀界面输入试切直径数值即可完成 X 向对刀。如华中世纪星在"试切直径"位置输入试切直径值，具体操作如图 2.1-30 所示。

总之，无论是 X 向对刀还是 Z 向对刀，都不允许该方向在试切之后输入数值之前有坐标轴的移动，否则将出现对刀错误，加工时甚至会发生危险。

② 自动对刀。自动对刀是通过刀尖检测系统实现的，刀尖以设定的速度向接触式传感器接近，当刀尖与传感器接触并发出信号，数控系统立即记下该瞬间的坐标值，并自动修正

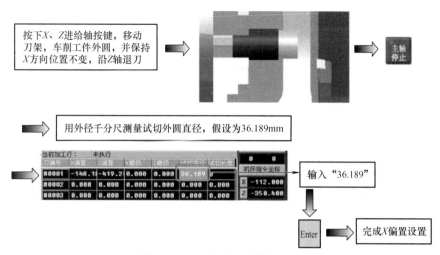

图 2.1-30　X 向对刀操作流程图

刀具补偿值。自动对刀法是一般配置后刀架的高档数控车床所具有的对刀方法，自动对刀示意图如图 2.1-31 所示。

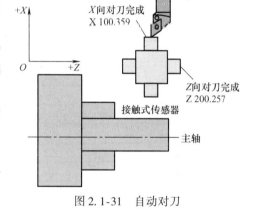

图 2.1-31　自动对刀

一般轴类车削的刀具 X 向对刀时和上方的传感器接触，孔类车削刀具 X 向对刀时和下方传感器接触，右偏刀 Z 向对刀时和右边传感器接触，左偏刀 Z 向对刀时和左边传感器接触。使用自动对刀法进行对刀，在第一次使用自动对刀之前，需要通过手动试切法对刀确定传感器的位置参数，才能确保自动对刀的正确性。而且手动试切法对刀的精确程度影响自动对刀的精确性。

（3）技能训练

1）加工准备。

① 检测坯料尺寸。

② 装夹刀具与工件。

93°菱形外圆车刀按要求装于刀架的 T01 号刀位。

90°端面车刀按要求装于刀架的 T02 号刀位。

毛坯伸出卡爪外长度 70mm。

③ 程序输入。

④ 程序模拟。

2）对刀。外圆车刀采用试切法对刀，把操作得到的数据输入到与 T01 对应的对刀界面刀偏表中。掉头对刀时，先对外圆车刀，依旧采用试切法对刀，把操作得到的数据输入到与 T01 对应的对刀界面刀偏表中。端面车刀采用与外圆车刀加工完的端面和外圆接触的方法对刀，把操作得到的数据输入到与 T02 对应的对刀界面刀偏表中。

3）零件的自动加工。将程序调到开始位置，首次加工选择单段运行模式，快速进给倍率调整为 25%，粗加工正常运行一个循环后，选择自动加工模式，调好进给倍率 100%，按数控车床循环启动按钮进行自动加工。

4) 零件加工过程中尺寸控制。

① 对好刀后，按循环启动按钮执行零件粗加工。

② 粗加工完成后，用千分尺测量外圆直径。

③ 修改磨损（若实测尺寸比编程尺寸大 0.5mm，则 X 磨损参数设为 -0.1；若实测尺寸比编程尺寸大 0.4mm，则 X 磨损参数设为 0；若实测尺寸比编程尺寸大 0.3mm，则 X 磨损参数设为 0.1），在修改磨损时考虑中间公差，中间公差一般取中值。

④ 自动加工执行精加工程序段。

⑤ 测量（若测量尺寸仍大，继续修调）。

（4）零件检测与评分

加工完成后对零件进行尺寸检测，并把检测结果写在表 2.1-2 中。

（5）加工结束，清理机床

每天加工结束后，整理工量具，清除机床切屑，做好机床的日常保养和实习车间的卫生，养成良好的文明生产习惯。

表 2.1-2　零件质量评分表

序　号	检查项目	配　分	评分标准	扣　　分	得　　分
1	$\phi 26_{-0.1}^{0}$	12	每超差 0.01mm 扣 2 分		
2	$\phi 20_{-0.1}^{0}$（2 处）	24	每超差 0.01mm 扣 2 分		
3	25 ± 0.1	10	每超差 0.01mm 扣 2 分		
4	35 ± 0.1	10	每超差 0.01mm 扣 2 分		
5	102 ± 0.1	10	每超差 0.01mm 扣 2 分		
6	倒角（4 处）	8	错漏一处扣 2 分		
7	$Ra3.2\mu m$	10	降级不得分		
8	接刀痕	6	有接刀痕不得分		
9	安全文明生产	10	1. 遵守机床安全操作规程 2. 刀具、工具、量具放置规范 3. 进行设备保养，场地整洁		
10	工时定额（1.5h）	—	不允许超时（每超时 10min 扣 5 分）		—
成　绩					

【拓展知识】

1. 工件坐标系设定

编程人员在编程时，不考虑工件在机床中的实际位置，但是在实际加工过程中，为了能加工出合格的零件，必须使编程坐标系和加工坐标系重合，可以通过坐标系设定（G92）和坐标系选择（G54 ~ G59）来实现。

（1）坐标系设定指令 G92

格式：

```
G92  X_  Z_
```

说明：

其中 X、Z 为当前刀具刀位点在工件坐标系中的绝对位置，由此也确定了工件坐标系原点（编程原点）的位置。G92 只是设定工件原点，并不产生运动，且坐标不能用 U、W 表示。当再次用 G92 设定工件坐标系时，先前设定的坐标系将被取代，值得注意的是，用 G92 建立坐标系时，无断电记忆功能，加工中一旦断电，必须重新对刀建立坐标系。

【例 1-8】 如图 2.1-32 所示坐标系的设定示例。

以工件左端面为原点：

`G92 X180 Z254`

以工件右端面为原点：

`G92 X180 Z44`

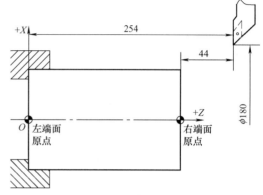

图 2.1-32 坐标系设定示例

（2）坐标系选择指令 G54 ～ G59

一般数控机床可以预先设定 6 个坐标系（G54 ～ G59），如图 2.1-33 所示，可以根据需要任意选用。这 6 个工件坐标系的原点在机床坐标系中的值（工件零点偏置值）可通过对刀或试切工件来完成，然后用 MDI 方式输入到数控系统原点参数设置的特定寄存器中。当加工工件时，只要数控系统执行坐标系选择指令，工件坐标系就被建立，后续程序中采用绝对值编程的指令值均是相对此工件坐标系原点而确定的。

G54 ～ G59 为模态功能，可相互注销，G54 为默认值。

在实际加工过程中，为了提高生产效率，在一个工作台上可能有几个零件，为了避免尺寸换算，可以在每个零件上分别建一个坐标系，然后用坐标系选择指令分别调用，如图 2.1-34 所示。

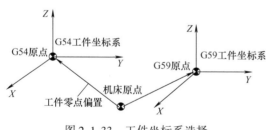

图 2.1-33 工件坐标系选择

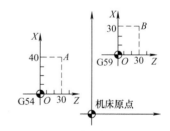

图 2.1-34 工件坐标系编程示例

与 G92 坐标系设定相比，用坐标系选择指令（G54 ～ G59）建立的坐标系存储在机床存储器中，机床重新启动仍然存在，而用 G92 建立的坐标系断电将不再存在；用 G92 建立工件坐标系时，尽管有位置指令值，但不产生运动，而用坐标系选择指令（G54 ～ G59）建立工件坐标系时，该指令可以单独使用，也可以与其他程序指定，如果该程序段有位置指令就会产生运动。另外，在使用 G92 指令加工时，必须保证机床起始点和对刀点在同一个点，而使用 G54 ～ G59 指令时，起始点加工时只要不发生干涉即可。而且，对于多工件原点的零件，用坐标系选择指令比较方便。

【例 1-9】 如图 2.1-34 所示，使用工件坐标系编程，要求刀具从当前点移动到 A 点，

再从 *A* 点移动到 *B* 点。

【参考程序】

```
% 1006
N01 G54 G00 G90 X40 Z30
N02 G59
N03 G00 X30 Z30
N04 M30
```

（3）直接机床坐标系编程指令 G53

G53 是机床坐标系编程，在含有 G53 的程序段中，绝对值编程时的指令值是在机床坐标系中的坐标值。其为非模态指令。

2. 直径方式和半径方式编程

G36 为直径编程指令，G37 为半径编程指令。

数控车床的工件外形通常是旋转体，其 *X* 轴尺寸可以用两种方式加以指定：直径方式和半径方式。在车削加工的数控程序中，*X* 轴的坐标值通常取为零件图样上的直径值编程方式。编程方式可由指令指定，也可由参数设定。G36 为默认值，机床出厂一般设为直径编程。

3. 自动倒角、倒圆角指令

直线插补指令 G01 在数控车床编程中还有一种特殊的用法——自动倒角、自动倒圆角。

（1）自动倒角指令

格式：

```
G01 X(U)__  Z(W)__  C__  F__
```

说明：

该指令用于直线后倒直角，指令刀具从 *A* 点到 *B* 点，然后到 *C* 点（图 2.1-35a）。

X、*Z*：绝对编程时，未倒角前两相邻程序段轨迹的交点 *G* 的坐标值。

U、*W*：增量编程时，*G* 点相对于起始直线轨迹的始点 *A* 点的移动距离。

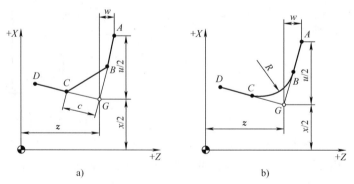

图 2.1-35　倒角参数说明

a）自动倒角　b）自动倒圆角

C 为倒角终点 *C* 相对于相邻两直线的交点 *G* 的距离。

（2）自动倒圆角指令

格式：

```
G01 X(U)__  Z(W)__  R__  F__
```

说明:

该指令用于直线后倒圆角,指令刀具从 A 点到 B 点,然后到 C 点 (图 2.1-35b)。

X、Z:绝对编程时,未倒角前两相邻程序段轨迹的交点 G 的坐标值。

U、W:增量编程时,G 点相对于起始直线轨迹的始点 A 点的移动距离。

R:倒角圆弧的半径值。

【例 1-10】 利用自动倒角、倒圆角指令完成图 2.1-36 所示的零件精加工程序编制。

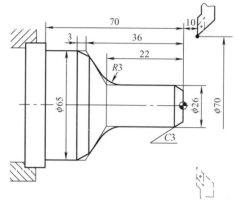

【参考程序】

程　序	注　释
O1007	程序名
％1007	程序索引号
N1 T0101	调 1 号外圆车刀,建立坐标系
N2 M03 S800	主轴正转,转速 800r/min
N3 G00 X70 Z10	
N4 G00 U-70 W-10	移到工件前端面中心处
N5 C01 U26 C3 F100	倒 C3 直角
N6 W-22 R3	倒 R3 圆角
N7 U39 W-14 C3	倒边长为 3 的等腰直角
N8 W-34	加工 $\phi65$ 外圆
N9 G00 U5 W80	
N10 M30	程序结束并复位

图 2.1-36 自动倒角、倒圆角编程示例

【自测题】

1. 选择题 (请将正确答案的序号填写在题中的括号内)

(1) T0305 中的前两位数字 03 的含义为 (　　)。

(A) 刀具号　　(B) 刀偏号　　(C) 刀具长度补偿　(D) 刀补号

(2) 绝对坐标编程时,移动指令终点的坐标值 X、Z 都是以 (　　) 为基准来计算。

(A) 工件坐标系原点　　　　(B) 机床坐标系原点

(C) 机床参考点　　　　　　(D) 此程序段起点的坐标值

(3) 在数控系统中,相对坐标和绝对坐标混合编程时,同一程序段中可以同时出现 (　　)。

(A) X 与 U　　(B) Z 与 W　　(C) Y 与 V　　(D) U 与 Z

(4) 数控车床 X 轴对刀时试车后只能沿 (　　) 轴方向退刀。

(A) X　　(B) Z　　(C) X、Z 都可以　(D) 先 X 再 Z

(5) G00 是指令刀具以 (　　) 移动方式,从当前位置运动并定位于目标位置的指令。

(A) 点动　　(B) 走刀　　(C) 快速　　(D) 标准

(6) 在 G54 中设置的数值是 (　　)。

(A) 工件坐标系的原点相对机床坐标系原点的偏移量

(B) 刀具的长度的偏差值

(C) 工件坐标系的原点

(D) 工件坐标系原点相对对刀点的偏移量

（7）在数控程序中 S1500 表示主轴转速为 1500 （　　　）。

（A）mps　　　　　　（B）mm/min　　　　　（C）r/min　　　　　（D）mm/s

（8）在 G71 U(Δd) R(r) P(n_s) Q(n_f) X(Δx) Z(Δz) F150 程序格式中，（　　　）表示 Z 轴方向上的精加工余量。

（A）Δd　　　　　　（B）Δz　　　　　　（C）n_s　　　　　　　（D）n_f

（9）增量坐标编程中，移动指令终点的坐标值 X、Z 都是以（　　　）为基准来计算。

（A）工件坐标系原点　　　　　　　　（B）机床坐标系原点

（C）机床参考点　　　　　　　　　　（D）此程序段起点的坐标值

（10）数控机床在开机后，须进行回零操作，使 X、Z 各坐标轴运动回到（　　　）。

（A）机床参考点　　（B）编程原点　　（C）工件零点　　（D）机床原点

2. 判断题（请将判断结果填入括号中，正确的填"√"，错误的填"×"）

（　　）（1）数控机床编程有绝对值和增量值编程，使用时不能将它们放在同一程序段中。

（　　）（2）车床的进给方式分每分钟进给和每转进给两种，一般可用 G94 和 G95 区分。

（　　）（3）数控车床的特点是 Z 轴进给 1mm，零件的直径减小 2mm。

（　　）（4）G00、G01 指令都能使机床坐标轴准确到位，因此它们都是插补指令。

（　　）（5）G 代码可以分为模态 G 代码和非模态 G 代码。

（　　）（6）当数控加工程序编制完成后即可进行正式加工。

（　　）（7）通常在命名或编程时，不论何种机床，都一律假定工件静止、刀具移动。

（　　）（8）用数显技术改造后的机床就是数控机床。

（　　）（9）在用 G54 和 G92 设定工件坐标系时，刀具起刀点与 G92 有关、与 G54 无关。

（　　）（10）G01 X5 与 G01 U5 等效。

3. 简答题

（1）简述绝对坐标编程与增量坐标编程的区别。

（2）数控编程的方法有哪些？它们分别适用于什么场合？

（3）使用 G00 指令编程时，应注意什么问题？

（4）试分析数控车床 X 方向的手动对刀过程。

（5）数控加工过程的具体步骤包括哪些？

子项目 1.2　离合器分离臂轴的加工

知识目标：

1. 了解车刀的种类、牌号、规格、材料及使用方法，认识刀具几何参数对切削性能的影响。

2. 了解切削三要素（切削速度 v、进给量 f、切削深度 a_p）正确选择的基本原则。

3. 掌握华中数控系统的常用编程指令（G40、G41、G42、G02、G03、G04、G46、G96、G97 指令）。

4. 掌握零件掉头加工程序编制方法。

能力目标：

1. 能综合应用数控车削加工工艺知识，分析阶梯轴零件数控车削加工工艺。
2. 能正确分析零件表面质量，熟练应用相关量具测量、读数。
3. 能熟练运用刀具半径补偿指令和磨损值进行质量控制，完成零件加工。
4. 掌握零件掉头加工方法。

【项目导入】

加工如图 2.1-37 所示离合器分离臂轴，工件毛坯尺寸 $\phi 20mm \times 102mm$，材料为 45 钢，该零件的生产类型为中批量生产，要求设计数控加工工艺方案，编制数控加工程序并完成零件的加工。

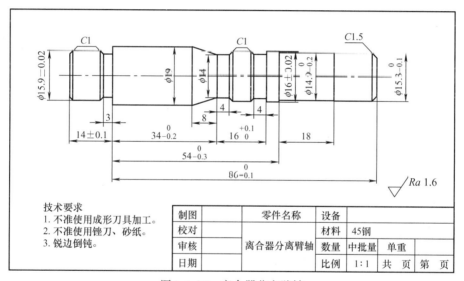

图 2.1-37　离合器分离臂轴

【相关知识】

1.2.1　数控车床刀具

1. 切削运动及刀具几何参数

（1）切削加工的基本运动

在金属切削加工过程中，用刀具切除工件材料。刀具和工件之间必须有一定的相对运动，这种相对运动称为切削运动。依其作用的不同，切削运动分为主运动和进给运动。

1）主运动。主运动是切除多余金属层以形成工件要求的形状、尺寸精度及表面质量的基本运动，也是切削运动中转速最高、消耗功率最大的运动。在切削过程中，主运动只有且必须有一个。车削主运动是旋转运动，如图 2.1-38 所示。

2）进给运动。进给运动是使新的金属不断投入切削的运动。它保证切削工作连续进行，从而切除切削层形成已加工表面。进给运动的特点是运动速度低，消耗功率小。车削进

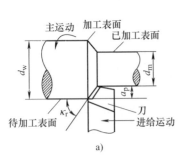 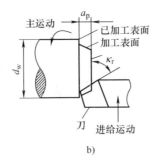 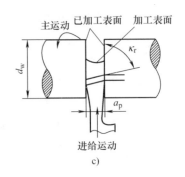

a)　　　　　　　　　b)　　　　　　　　　c)

图 2.1-38　金属切削的基本运动

a）车外圆　b）车端面　c）车断

给运动由刀具完成。

（2）金属切削刀具的几何参数

金属切削刀具的种类繁多，刀具结构相差也很大，但刀具切削部分具有相同的几何特征，下面就以车刀为例分析刀具角度。

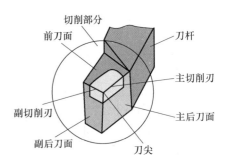

1）刀具切削部分的组成。车刀由刀头和刀杆组成，如图 2.1-39 所示。刀杆用于夹持刀具，又称夹持部分。刀头用于切削，又称切削部分。切削部分由 3 个面、2 条切削刃和 1 个刀尖组成。

图 2.1-39　车刀组成及各部分名称

① 前刀面：切削过程中切屑流出所经过的刀具表面。

② 主后刀面：切削过程中与工件上过渡表面相对的刀具表面。

③ 副后刀面：切削过程中与工件上已加工表面相对的刀具表面。

④ 主切削刃：前刀面和主后刀面的交线。它担负着主要的切削工作。

⑤ 副切削刃：前刀面和副后刀面的交线。它配合主切削刃完成切削工作。

⑥ 刀尖：主切削刃和副切削刃的交点。为了改善刀尖的切削性能，常将刀尖磨成直线或圆弧过渡刃。

2）确定刀具角度的辅助空间平面。刀具要从工件上切除材料，就必须具有一定的切削角度。为了便于观察和测量刀具的几何角度，需要假想以下 3 个平面来作为基准，即基面、切削平面和正交平面，如图 2.1-40 所示。

基面 P_r：指过切削刃上的选定点，并垂直于该点切削速度方向的平面。车刀切削刃上各点的基面都平行于车刀的安装面（底面）。安装面是刀具制造、刃磨和测量时的定位基准面。

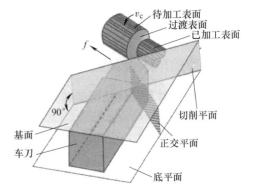

图 2.1-40　确定刀具角度的辅助空间平面

切削平面 P_s：指过主切削刃上的选定点，与主切削刃相切，并垂直于基面的平面（与工件过渡表面相切的表面）。

正交平面 P_o：指过切削刃选定点，同时垂直于切削平面和基面的平面。

3）刀具的标注角度。刀具的标注角度如图 2.1-41 所示。

$$\beta_o + \gamma_o + \alpha_o = 90°$$

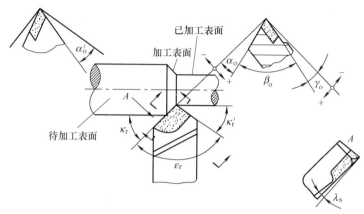

图 2.1-41　刀具的标注角度

① 前角 γ_o：在主切削刃选定点的正交平面 P_o 内，前刀面与基面之间的夹角。前刀面与基面平行时前角为零；刀尖位于前刀面最高点时，前角为正；刀尖位于前刀面最低点时，前角为负。前角对刀具切削性能影响很大。

② 后角 α_o：在正交平面 P_o 内，主后刀面与切削平面之间的夹角。刀尖位于后刀面最前点时，后角为正；刀尖位于后刀面最低点时，后角为负。后角的主要作用减小后刀面与过渡表面之间的摩擦。一般情况，后角都为正值。

③ 楔角 β_o：前刀面与后刀面的夹角。前角、后角和楔角之间的关系为

$$\gamma_o + \alpha_o + \beta_o = 90°$$

④ 主偏角 κ_r：指主切削刃在基面上的投影与假定进给方向之间的夹角。

⑤ 副偏角 κ_r'：指副切削刃在基面上的投影与假定进给反方向之间的夹角。

⑥ 刀尖角 ε_r：指主切削平面与副切削平面间的夹角。主偏角、副偏角和刀尖角三者之间的关系为

$$\kappa_r + \kappa_r' + \varepsilon_r = 180°$$

⑦ 刃倾角 λ_s：在切削平面内，主切削刃与基面的夹角。切削刃与基面平行时，刃倾角为零；刀尖位于切削刃最高点时，刃倾角为正；刀尖位于切削刃最低点时，刃倾角为负。

2. 数控车削加工切削用量的选择

切削用量（α_p、v_c、f）选择是否合理，对于能否充分发挥数控车床的潜力与刀具的切削性能，实现优质、高产、降低成本和安全操作具有很重要的作用。切削用量都应在机床说明书给定的允许范围内选择，并应考虑机床工艺系统的刚性和机床功率的大小。

车削用量的选择原则：粗车时，首先考虑选择一个尽可能大的切削深度 a_p，其次选择一个较大的进给量 f，最后确定一个合适的切削速度 v_c。精车时，应选用较小（但不太小）的切削深度 a_p 和进给量 f，并选用切削性能高的刀具材料和合理的几何参数，以尽可能提高切削速度 v_c。

（1）切削深度 a_p 的确定

在工艺系统刚度和机床功率允许的情况下，应该尽可能选取大的切削深度，以减少进给

次数，提高零件加工效率。当零件精度要求较高时，则应考虑留出精车余量，其所留的精车余量比普通车削时所留余量小，一般取 0.1~0.5mm。

（2）进给量 f（有些数控机床用进给速度 F）

进给量 f 是指工件每转一圈，车刀沿进给方向移动的距离，单位为 mm/r；进给速度 F 是指在单位时间内，刀具沿进给方向移动的距离，其单位为 mm/min。$F = fn$，其中 n 为主轴转速。

进给量 f 的选取应该与切削深度和主轴转速相适应。在保证工件加工质量的前提下，可以选择较高的进给量。在切断、车削深孔或精车时，应选择较低的进给量。当刀具接近或远离工件时，可以设定尽量高的进给量。

进给量的大小与所使用的刀尖圆弧半径有关。粗车时，进给量 $f = 0.5R$。其中，f 为进给量，R 为车刀圆弧半径。精车时，进给量 f 与使用的车刀圆弧半径 R 以及工件的表面粗糙度有如下关系：$Ra = (1000f^2)/(8R)$，其中 Ra 为零件表面粗糙度，单位为 μm。一般粗车时，取 $f = 0.3~0.8$mm/r，精车时常取 $f = 0.1~0.3$mm/r，切断时 $f = 0.05~0.2$mm/r。

（3）主轴转速的确定

车削内、外圆的主轴转速时，首先应该根据零件和刀具材料以及加工性质等条件确定切削速度 v_c。然后，用公式 $n = 1000v_c/\pi d$ 计算主轴转速 n（r/min），公式中 d 为工件直径。切削速度除了计算和查表选取外，还可以根据实践经验确定，一般刀具厂商所提供的刀具都配有相应的切削参数。需要注意的是，交流变频调速的数控车床低速输出力矩小，因而切削速度不能太低。

【注意】按照上述方法确定的切削用量进行加工，工件表面的加工质量未必十分理想。因此，切削用量的具体数值还应查阅机床性能相关手册并结合实际经验来确定，使主轴转速、切削深度及进给速度三者能相互适应，以形成最佳切削用量。

3. 数控车床对刀具的要求

数控车床一般要兼做粗、精车削。为使粗车能有大的切削深度，并能快速走刀，要求粗车刀具强度高、耐用度好；精车时首先是保证加工精度，所以要求刀具的制造精度高、耐用度好。

为减少换刀时间和方便对刀，应尽可能多地采用机夹刀具，使用机夹刀具可以为自动对刀准备条件。机夹刀具的刀体，要求制造精度较高，夹紧刀片的方式要选择得比较合理。由于机夹刀具装上数控车床时，一般不加垫片调整，所以刀尖高的刀具精度在制造时就应得到保证。对于长径比较大的内径刀杆，最好具有抗振结构。内径刀的切削液最好先引入刀体，再从刀头附近喷出。

由于数控车床自动化程度高，切削常在封闭环境中进行，车削过程中很难对大量切屑进行人工处理，所以对刀片的断屑槽有较高的要求。如果切屑断得不好，它就会缠绕在刀头上，既可能挤坏刀片，也会把已加工表面拉伤。普通车床用的硬质合金刀片一般是两维断屑槽，而数控车削刀片常采用三维断屑槽。三维断屑槽的形式很多，在刀片制造厂内一般是定形成若干种标准。它们的共同特点是断屑性能好、断屑范围宽。对于材质确定的零件，在切削参数定下之后，要注意选好刀片的槽型。选择过程中可以进行一些理论探讨，但更主要的是进行实切试验。在一些场合，也可以根据已有刀片的槽型来修改切削参数。

数控车削要求刀片不但有高的耐用度，而且还要求刀片耐用度的一致性要好，以便于使用刀具寿命管理功能（加工零件到一定数量，就应该换新刀片）。在使用刀具寿命管理时，刀片耐用度的设定原则是把该批刀片中耐用度最低的刀片作为依据的。在这种情况下，刀片耐用度的一致性甚至比其平均寿命更重要。至于精度，同样要求各刀片之间的精度一致性好。

4. 常用数控刀具材料

刀具的耐用度和使用寿命直接影响着工件的加工精度、表面质量和加工成本。合理选用刀具材料不仅可以提高刀具切削加工的精度和效率，而且也是对难加工材料进行切削加工的关键。

（1）数控车削刀具对材料的要求

在金属切削过程中，切削层金属在刀具的作用下承受剪切滑移而发生塑性变形，刀具与工件、切屑之间的挤压与摩擦使刀具切削部分产生很高的温度，在断续切削加工中还会受到机械冲击及热冲击的影响，加剧刀具的磨损，甚至使刀具破损。因此刀具切削部分的材料必须具备以下几个条件。

1）较高的硬度和耐磨性。刀具材料要比工件材料硬度高，常温硬度在62HRC以上。耐磨性表示抵抗磨损的能力，它取决于组织的硬度。

2）足够的强度和韧性。为了承受切削中的压力冲击和振动，避免崩刃和折断，刀具材料应该具有足够的强度和韧性。

3）较高的耐热性。耐热性指刀具材料在高温下保持硬度、耐磨性、强度和韧性的性能，也包括刀具材料在高温下抗氧化、粘结、扩散的性能。

4）良好的工艺性。为了便于制造，要求刀具材料有较好的可加工性，如切削加工性。

5）较好的导热性。

（2）数控刀具的材料

目前，数控加工中所使用的刀具材料主要有高速钢、硬质合金、涂层、陶瓷、金刚石和立方氮化硼等几类。

1）高速钢刀具。高速钢（HSS）刀具过去曾经是切削工具的主流，随着数控机床等现代制造设备的广泛应用，大力开发了各种涂层和不涂层的高性能、高效率的高速钢刀具，高速钢凭借其在强度、韧性、热硬性及工艺性等方面优良的综合性能，在复杂刀具，特别是切齿刀具、拉刀和立铣刀中仍占有较大的比重。但经过市场探索，一些高端产品已逐步被硬质合金刀具代替。

高速钢是一种含有钨、钼、铬、钒等合金元素较多的工具钢。高速钢具有良好的热稳定性，在500℃~600℃的高温仍能切削，和碳素工具钢、合金工具钢相比较，切削速度提高1~3倍，刀具寿命提高10~40倍。高速钢具有较高强度和韧性，如抗弯强度为一般硬质合金的2~3倍，陶瓷的5~6倍，且具有一定的硬度（63~70HRC）和耐磨性。

按用途不同，高速钢可分为普通高速钢和高性能高速钢；按制造工艺不同，高速钢可分为熔炼高速钢和粉末冶金高速钢。

① 普通高速钢。普通高速钢分为两种，钨系高速钢和钨钼系高速钢。钨系高速钢的典型钢种为W18Cr4V（简称W18），它是应用最普遍的一种高速钢。钨钼系高速钢是将一部分钨用钼代替所制成的钢。典型钢种为W6Mo5Cr4V2（简称M2）。

② 高性能高速钢。此钢是在普通高速钢中增加碳、钒含量并添加钴、铝等合金元素而

形成的新钢种，具有更好的切削性能，适合加工高温合金、钛合金、超高强度钢等难加工材料。

③ 粉末冶金高速钢（PM HSS）。粉末冶金高速钢是用高压氩气或纯氮气雾化熔化的高速钢钢水，得到细小的高速钢粉末，然后经热压制成刀具毛坯，适合制造切削难加工材料的刀具、大尺寸刀具（如滚刀、插齿刀）、精密刀具、磨削加工量大的复杂刀具、高压动载荷下使用的刀具等。

2）硬质合金刀具。硬质合金刀具切削性能优异，在数控车削中被广泛使用。硬质合金刀具有标准规格系列产品，具体技术参数和切削性能由刀具生产厂家提供。

硬质合金是由难熔金属碳化物（如 TiC、WC、NbC 等）和金属粘结剂（如 Co、Ni 等）经粉末冶金方法制成。目前，硬质合金刀具已经成为数控加工的主流刀具。

① 硬质合金的性能特点。硬质合金中高熔点、高硬度碳化物含量高，因此常温硬度很高，达到 78~82HRC，热熔性好，热硬性可达 800℃~1000℃以上，切削速度比高速钢提高 4~10 倍。

硬质合金缺点是脆性大，抗弯强度和抗冲击韧性不强。抗弯强度只有高速钢的 1/3~1/2，冲击韧性只有高速钢的 1/4~1/3。

硬质合金力学性能主要由组成硬质合金碳化物的种类、数量、粉末颗粒的粗细和粘结剂的含量决定。碳化物的硬度和熔点越高，硬质合金的热硬性也越好。粘结剂含量大，则强度与韧性好。在粘结剂含量一定时，碳化物粉末越细，硬质合金硬度越高。

② 普通硬质合金的种类、牌号及适用范围。简要叙述如下。

☆ 硬质合金刀具按加工零件材料特性分为 P（蓝）、M（黄）、S（棕）、K（红）、N（绿）、H（白）6 类。

P 类——适用于加工钢、长屑可锻铸铁（相当于我国的 YT 类）。

M 类——适用于加工奥氏体不锈钢、铸铁、高锰钢、合金铸铁等（相当于我国的 YW 类）。

S 类——适用于加工耐热合金和钛合金。

K 类——适用于加工铸铁、冷硬铸铁、短屑可锻铸铁、非钛合金（相当于我国的 YG 类）。

N 类——适用于加工铝、非铁合金。

H 类——适用于加工淬硬材料。

☆国产普通硬质合金按其化学成分的不同，可分为 4 类。

YG 类，即钨钴类（WC + Co）硬质合金，对应于 K 类。牌号有 YG6、YG8，含钴量分别为 6%、8%。合金钴含量高，韧性好，适用于粗加工；钴含量低，适用于精加工。此类合金韧性、耐磨性、导热性较好，较适合加工产生崩碎切屑的脆性材料，如铸铁、非铁金属及其合金等。

YT 类，即钨钛钴类（WC + TiC + Co）硬质合金，对应于 P 类。牌号有 YT5、YT14、YT15、YT30，含 TiC 量分别为 5%、14%、15%、30%。合金中 TiC 含量越高，则耐磨性和耐热性越高，但强度降低。因此粗加工一般选择 TiC 含量少的牌号（如 YT5），精加工选择 TiC 含量多的牌号（如 YT30）。此类合金有较高的硬度和耐热性，主要用于加工切屑成带状的钢件等塑性材料。但应注意，YT 类合金不适合加工不锈钢和钛合金，因为钛元素之间会产生亲和力，致使发生严重的粘刀现象，在高温切削以及摩擦大的情况下会加剧刀具的磨损。

YW 类，即钨钛钽（铌）钴类（WC + TiC + TaC(Nb) + Co），对应于 M 类，常用牌号有 YW1、YW2。此类硬质合金不但适用于加工冷硬铸铁、非铁金属及合金半精加工，也能用于高锰钢、淬火钢、合金钢及耐热合金钢的半精加工和精加工。

YN 类，即碳化钛基类（WC + TiC + Ni + Mo），对应于 P01 类。一般用于精加工和半精加工，对于大长零件且加工精度较高的零件尤其适合，但不适用于有冲击载荷的粗加工和低速切削。

③ 超细晶粒硬质合金。超细晶粒硬质合金多用于 YG 类合金，它的硬度和耐磨性得到较大提高，抗弯强度和冲击韧度也得到提高，已接近高速钢，适合做小尺寸铣刀、钻头等，并可用于加工高硬度难加工材料。

3）涂层刀具。涂层刀具是在韧性较好的硬质合金或高速钢基体上涂抹一薄层耐磨性高的难熔金属化合物而获得的。常用的涂层有 TiC、TiN、Al_2O_3 等。涂层刀具具有较高的抗氧化性能、高硬度和较低的摩擦系数，因而有较高的耐磨性和抗月牙洼磨能力，并且可降低切削时的切削力和切削温度，可提高刀具寿命（提高硬质合金耐用度 1～3 倍，高速钢耐用度 2～10 倍）。但也存在着锋利性、韧性、抗剥落性、抗崩刃性差及成本昂贵等缺陷。

对刀具进行涂层处理是提高刀具性能的重要途径之一，涂层刀具的出现，使刀具切削性能有了重大突破，应用领域不断扩大，涂层刀具在数控加工领域有巨大潜力，将是今后数控加工领域中最重要的刀具品种。

4）陶瓷刀具。陶瓷刀具具有硬度高、耐磨性能好、耐热性和化学稳定性优良等特点，且不易与金属发生粘接。陶瓷刀具在数控加工中占有十分重要的地位，陶瓷刀具已成为高速切削及难加工材料加工的主要刀具之一。

陶瓷有纯 Al_2O_3 陶瓷和 Al_2O_3、TiC 混合陶瓷两种，目前应用最为广泛的陶瓷刀具材料大多数为混合陶瓷。陶瓷刀具硬度高、耐磨性能好，切削速度比硬质合金高 2～5 倍；有很高的化学稳定性、与金属亲和力小，在 1200℃ 以上的高温下仍能进行切削。陶瓷刀具主要用于高速精车和半精车，适合加工钢、铸铁，在车铣加工中都实用。但因为陶瓷刀具材料性能上存在着抗弯强度低、冲击韧性差的问题，不适于在低速、冲击负荷下加工。

此类刀具一般用于高速精细加工硬材料。

5）金刚石刀具。金刚石是碳的同素异构体，具有极高的硬度。现用的金刚石刀具有 3 类：天然金刚石刀具、人造聚晶金刚石刀具、复合聚晶金刚石刀具。

金刚石具有极高的硬度（高达 10000HV）和耐磨性，刀具寿命比硬质合金提高几倍到几百倍，可用来加工硬质合金、陶瓷、高硅铝合金及耐磨塑料等高硬度、高耐磨的材料。其切削刃锋利，能切下极薄的切屑，加工冷硬现象较少，有较低的摩擦系数，其切屑和刀具不发生粘结，不产生积屑瘤，很适合精密加工。但热稳定性差，切削温度不宜超过 700～800℃；强度低、脆性大、对振动敏感，只宜微量切削；与铁有化学亲和力，不适合加工黑金属。

目前金刚石刀具主要用于高速条件下精细加工非铁金属及其合金和非金属材料。

6）立方氮化硼刀具。立方氮化硼（简称 CBN）刀具是由六方氮化硼为原料在高温高压下合成的。

CBN 刀具的主要优点是硬度高（8000～9000HV），硬度仅次于金刚石，热稳定性好

（1400～1500℃），化学惰性大（与铁族金属直至1300℃也不易起反应），有较高的导热性和较小的摩擦系数。缺点是强度和韧性较差，抗弯强度仅为陶瓷刀具的1/5～1/2。

CBN刀具适用于加工高硬度淬火钢、冷硬铸铁和高温合金材料。它不宜加工塑性大的钢件和镍基合金，也不适合加工铝合金和铜合金，通常采用负前角的高速切削。

5. 数控车床刀具的选择

刀具的选择是数控加工工艺中的重要内容之一。选择刀具通常要考虑机床的加工能力、工序内容、工件材料等因素。选取刀具时，要使刀具的尺寸和形状相适应。

（1）数控刀具的一般选择原则

1）选择刀具的种类和尺寸应与加工表面的形状和尺寸相适应。

2）尽量采用硬质合金或高性能材料制成的刀具。

3）尽量采用机夹或可转位式刀具。

4）尽量采用高效刀具，如多功能车刀合金刀具。

（2）刀具选择应考虑的主要因素

1）被加工工件的材料、性能。如金属、非金属，其硬度、刚度、塑性、韧性及耐磨性等。

2）加工工艺类别。如车削或粗加工、半精加工、精加工和超精加工、刀具变位时间间隔等。

3）加工工件信息。如工件的几何形状（影响到连续切削或间断切削、刀具的切入或退出角度）、零件精度（尺寸公差、几何公差、表面粗糙度）和加工余量等因素。

4）刀具能承受的切削用量（切削深度、进给量、切削速度）。

5）辅助因数。如操作间断时间、振动、电力波动或突然中断等。

6）被加工工件的生产批量，影响到刀具的经济寿命。

（3）数控车床刀具的安装形式

常规车削刀具为长条形方刀体或圆柱刀杆。方形刀体一般用槽形刀架螺钉紧固方式固定，圆柱刀杆是用套筒螺钉紧固方式固定。它们与机床刀盘之间是通过槽形刀架和套筒接杆来联接的。在模块化车削工具系统中，刀头与刀体的联接是"插入快换式系统"。它既可以用于外圆车削又可用于内孔镗削，也适用于车削中心的自动换刀系统，如图2.1-42所示。

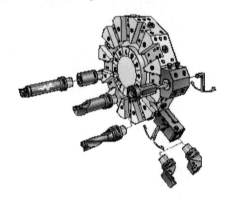

图2.1-42　模块化车削工具系统

（4）数控车刀结构形式

数控车刀结构形式可分为整体式、焊接式、机夹式和可转位式四种，如图 2.1-43 所示。

1）整体式车刀。整体式车刀用整体高速钢制造，刃口可磨得较锋利，适合小型车床和加工非铁合金。

2）焊接式车刀。焊接式车刀是指在碳钢刀杆上按刀具几何角度的要求开出刀槽，用焊料将硬质合金刀片焊接在刀槽内，并按所选择的几何参数刃磨后使用的车刀。焊接式车刀结构紧凑，使用灵活，适合各类车刀，特别是小刀具。

3）机夹式车刀。机夹式车刀是用机械夹固的方法将刀片夹持在刀杆上的车刀，避免了焊接产生的应力、裂纹等缺陷，刀杆利用率高，刀片可集中刃磨获得所需参数，使用灵活方便，适合车外圆、车端面、铰孔、切断、车螺纹等。

4）可转位式车刀。可转位式车刀避免了焊接式车刀的缺点，刀片可快换转位，生产效率高，断屑稳定，可使用涂层刀片或先进材料的刀片，适合数控车床使用。

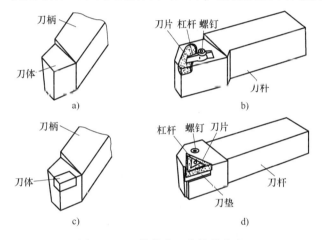

图 2.1-43 数控车刀按结构分类

a）整体式 b）机夹式 c）焊接式 d）可转位式

（5）可转位数控车刀

1）可转位车刀的特点。目前数控车床用刀具主要是可转位车刀的机夹刀具。机夹可转位刀具的刀片和刀体都是标准的。与其他形式的刀具（整体车刀、焊接车刀、机夹车刀和成形车刀）相比，可转位车刀的特点见表 2.1-3。

表 2.1-3 可转位车刀特点

要 求	特 点	目 的
精度高	采用 M 级或更高精度等级的刀片；多采用精密级的刀杆；用带微调装置的刀杆在机外预调好	保证刀片重复定位精度，方便坐标设定，保证刀尖位置精度
可靠性高	采用断屑可靠性高的断屑槽型或有断屑台和断屑器的车刀；采用结构可靠的车刀，采用复合式夹紧结构和夹紧可靠的其他结构	断屑稳定，不能有紊乱和带状切屑；适应刀架快速移动和换位以及整个自动切削过程中夹紧不得有松动的要求
换刀迅速	采用车削工具系统；采用快换小刀夹	迅速更换不同形式的切削部件，完成多种切削加工，提高生产效率

（续）

要　　求	特　　点	目　　的
刀片材料	较多采用涂层刀片或其他先进材料的刀片	满足生产节拍要求，提高加工效率
刀杆截形	较多采用正方形刀杆，但因刀架系统结构差异大，有的需用专用刀杆	刀杆与刀架系统匹配

2）可转位车刀的种类。数控车床机夹可转位车刀按其用途可分为外圆车刀、内孔车刀、切槽（断）刀和螺纹车刀等，如图 2.1-44 所示。

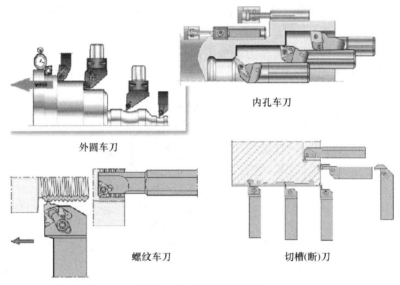

内孔车刀

外圆车刀

螺纹车刀

切槽(断)刀

图 2.1-44　可转位车刀

3）可转位车刀的刀片与刀杆固定的方式有杠杆式、楔块式、楔块上压式、螺钉压紧式和刚性夹紧式等几种方式。

① 杠杆式由杠杆、螺钉、刀垫、刀垫销和刀片等组成，如图 2.1-45 所示。该方式为螺钉旋紧压靠杠杆，由杠杆的力压紧刀片达到夹固的目的。当旋动螺钉时，通过杠杆产生夹紧力，从而将刀片定位在刀槽侧面上，旋出螺钉时，刀片松开，半圆筒形弹簧片可保持刀垫位置不动。

其特点适合各种正、负前角的刀片，有效的前角范围为 $-60° \sim 180°$；切屑可无阻碍地流过，切削热不影响螺孔和杠杆；两面槽壁给刀片有力的支撑，并确保转位精度。

② 楔块式由螺钉、刀垫、销、楔块和刀片等组成，如图 2.1-46 所示。这种方式依靠销与楔块的挤压力将刀片紧固。刀片内孔定位在刀片槽的销轴上，带有斜面的压块由压紧螺钉下压时，楔块一面靠紧刀杆上的凸台，另一面将刀片推往刀片中间孔的圆柱销上压紧刀片。

其特点适合各种正、负前角刀片，有效前角的变化范围为 $-60° \sim 180°$；两面无槽壁，但定位精度较低，便于仿形切削或倒转操作时留有间隙。

③ 楔块上压式由紧定螺钉、刀垫、销、压紧楔块和刀片等组成，如图 2.1-47 所示。这种方式依靠销与楔块的压力将刀片夹紧。其特点同楔块式，但切屑流畅不如楔块式。

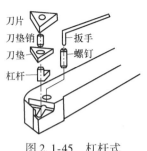

图 2.1-45 杠杆式

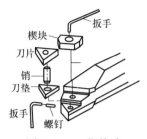

图 2.1-46 楔块式

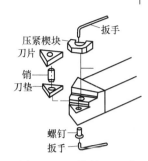

图 2.1-47 楔块上压式

④ 螺钉压紧式由螺钉、刀片、刀垫螺钉和刀垫等组成，如图 2.1-48 所示。这种方式依靠螺钉挤压力将刀片紧固。其结构简单，刀片在刀槽内可两面靠紧，获得较高的刀尖位置精度。

⑤ 刚性夹紧式由夹紧组件、刀片、刀垫螺钉和刀垫等组成，如图 2.1-49 所示。其结构比较简单，夹紧力大且夹固可靠，刀片的转位和装卸方便，刀片在刀槽内能两面靠紧，可以获得较高的刀尖位置精度。缺点是夹紧组件有时会阻碍切屑的流动。

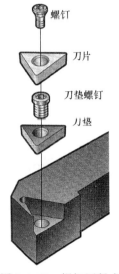

图 2.1-48 螺钉压紧式

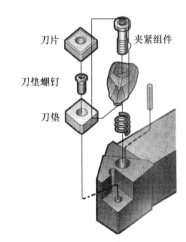

图 2.1-49 刚性夹紧式

不论采用何种夹紧方式，刀片在夹紧时必须满足以下条件。

① 刀片装夹定位要符合切削力的定位夹紧原理，即切削力的合力必须作用在刀片支承面周界内。

② 刀片周边尺寸定位需满足三点定位原理。

③ 切削力与装夹力的合力在定位基面（刀片与刀体）上所产生的摩擦力必须大于切削振动等引起的使刀片脱离定位基面的交变力。

4）可转位刀片型号标准表示规则。可转位刀片的代码表示方法是由 10 位字符串组成的，任何一个型号刀片都必须标注前 7 位号位，后 3 个号位再根据需要来标示。但对于车刀刀片，10 号位属于非标准要求标注的部分，因厂商而异。不论有无 8、9 两个号位，10 号位都必须用短横线"—"与前面号位隔开，并且其字母不得使用 8、9 两个号位已使用过的字母，当只使用其中一位时，则写在 8 号位上，中间不需空格。现对 10 个号位具体内容进行说明。

第 1 位表示刀片的几何形状及其夹角，用一位英文字母表示，常用的车刀刀片的几何形状及夹角如图 2.1-50 所示，其性能分析见表 2.1-4。

可转位车刀刀片种类繁多，使用最广的是菱形刀片，其次是三角形刀片、圆形刀片及切槽刀片。菱形刀片按其菱形锐角不同有 80°、55° 和 35° 这 3 类。

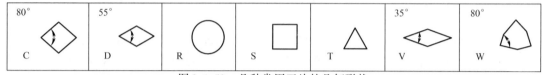

图 2.1-50　几种常用刀片的几何形状

表 2.1-4　几种主要刀片形状和性能分析

性能及评价　　刀片形状	强度		经济性		仿形加工能力	精度	散热性	切削力
	顶角	评价	可用刃数	评价				
V 型（菱形）	35°	顶角越大强度越高	2~4	可用刃数越多越经济	顶角越小仿形加工能力越强	顶角越小转位次数越少，精度越高	顶角越大散热性能越强	顶角越大切削阻力越大
D 型（菱形）	55°		2~4					
C 型（菱形）	80°		2~2					
W 型（等边或不等边角型）	80°		3~6					
S 型（正方形）	90°		4~8					
T 型（三角形）	60°		3~6					
R 型（圆形）	180°		更多					

80° 菱形刀片刀尖角大小适中，刀片既有较好的强度、散热性和耐用度，又能装配成主偏角略大于 90° 的刀具，用于端面、外圆、内孔、台阶的加工。同时，这种刀片的可夹固性好，可用刀片底面及非切削位置上的 80° 刀尖角的相邻两侧面定位，定位方式可靠，且刀尖位置精度仅与刀片本身的外形尺寸精度相关，转位精度较高，适合数控车削。

第 2 位表示刀片主切削刃后角（法后角），用一个大写英文字母表示，见表 2.1-5。在实际使用中，法后角为零的刀片被广泛使用。但加工中，实际后角不可为零，否则刀具将与加工表面产生强烈摩擦，致使无法进行加工。因此车刀刀杆上刀槽的形状必须使刀片装上后形成后角，这样必然造成刀片后部上抬，前角成为负值，前角为负值的刀片切削刃强度大，但锋利性差，各种各样断屑槽的开发，可弥补这个缺点，从而使法后角为零的刀片得到极为广泛的使用。

表 2.1-5　刀片主切削刃后角

代　　号	A	B	C	D	E	F	G	N	P
法向后角	3°	5°	7°	15°	20°	25°	30°	0°	11°

法后角为零的刀片，上下面积、结构、形状可做得完全相等。此时上下面均可作为前刀面使用，使实际可用切削刃数（刀角数）增大一倍，如菱形刀片可使用 4 个切削刃，T 型、

S 型分别 6 个和 8 个切削刃，经济性好。法后角为正值的刀片可形成较大的前角，大多用于被加工件刚性差或内圆镗孔、加工铝材、铜材与仿形加工等场合。

第 3 位表示刀片的尺寸精度级别，用一个英文字母代表，主要控制偏差为 3 项：Δm（内切圆和刀尖情况参数）、Δd（刀片内切圆直径）和 Δs（刀片厚度尺寸偏差）。

在刀片精度等级中，M 级到 U 级是最常用的，且价格较低，应优先选用。A 级到 G 级刀片经过研磨，精度较高。刀片精度要求较高时，常选用 G 级。小型精密刀具的刀片可达 E 级或更高级。刀片尺寸精度允许偏差见表 2.1-6，如常用的 M 级，公差范围较广，Δm 允许偏差值为 $\pm(0.08 \sim 0.20)$mm。每种规格刀片的具体偏差大小，与内接圆尺寸大小和刀片形状有关，不同厂家允许的公差值不同，也显示其质量差异。

表 2.1-6　刀片尺寸精度允许偏差

等级代号		允许偏差/mm		
		Δm	Δs	Δd
精密级	A	±0.005	±0.025	±0.025
	F	±0.005	±0.025	±0.013
	C	±0.013	±0.025	±0.025
	H	+0.013	±0.025	±0.013
	E	±0.025	±0.025	±0.025
	G	±0.025	±0.130	±0.025
普通级	J	±0.005	±0.025	±0.05 ~ ±0.15
	K	±0.013	±0.025	±0.05 ~ ±0.15
	L	±0.025	±0.025	±0.05 ~ ±0.15
	M	±0.08 ~ ±0.20	±0.13	±0.05 ~ ±0.15
	N	±0.08 ~ ±0.20	±0.025	±0.05 ~ ±0.15
	U	±0.13 ~ ±0.38	±0.13	±0.08 ~ ±0.25

第 4 位代表刀片紧固方式和断屑槽形式，用一位大写英文字母表示，常用刀片紧固方式和断屑槽形式见表 2.1-7。

表 2.1-7　刀片紧固方式及断屑槽形式

代　号	固定方式	断屑槽	示意图
N	无固定孔	无断屑槽	
R	无固定孔	单面有断屑槽	
F	无固定孔	双面有断屑槽	
A	有圆形固定孔	无断屑槽	
M	有圆形固定孔	单面有断屑槽	

（续）

代　号	固定方式	断屑槽	示意图
G	有圆形固定孔	双面有断屑槽	
W	单面有40°~60°固定沉孔	无断屑槽	
T	单面有40°~60°固定沉孔	单面有断屑槽	
Q	双面有40°~60°固定沉孔	无断屑槽	
U	双面有40°~60°固定沉孔	双面有断屑槽	
B	单面有70°~90°固定沉孔	无断屑槽	
H	单面有70°~90°固定沉孔	单面有断屑槽	
C	单面有70°~90°固定沉孔	无断屑槽	
J	双面有70°~90°固定沉孔	双面有断屑槽	
X	自定义		

第5位表示刀片边长、切削刃长，用两位数字表示。一般取理论长度的整数部分表示。如切削刃长度为16.5mm，则数字代号为16；如整数只有一位，则必须在数字前面加"0"，例如切削刃长度为9.525mm，则数字代号为09。刀片切削刃长度一般以最大切削深度的大小选择，使用多种切削深度加工，其综合成本较低。各种切削刃长度表示位置见表2.1-8。

表2.1-8　各种切削刃长度表示位置

刀片形状				
代　号	H	O	P	S	T
刀片形状				
代　号	C、D、E、M、V	W	L	A、B、K	R

第6位表示刀片厚度，即主切削刃到刀片定位底面的距离，用两位数字表示，见表2.1-9。

取刀片厚度基本尺寸整数值作为厚度的表示代号。如果整数位只有一位，则在整数前加"0"，例如4.76mm，表示为04。当刀片厚度的整数相同，而小数部分不同时，则将小数部分大的刀片用"T"表示，代替"0"。如表中刀片厚度分别为3.18mm和3.97mm时，则前者代号为03，后者代号为T3。刀片厚度大，可承受切削负荷大。

表 2.1-9　刀片厚度

代　　号	03	T3	04	06	07	09
刀片厚度/mm	3.18	3.97	4.76	6.35	7.94	9.525

第 7 位表示刀尖圆角半径，用两位阿拉伯数字表示，且用放大 10 倍的数字表示刀尖圆角半径。如 04 表示刀尖圆角半径 0.4mm。通常最小刀尖半径等于 0.2mm，最大刀尖半径为 2.4mm，对于一种形状和尺寸的刀片，并不是所有刀具半径都可以提供。

第 8 位表示切削刃状态，常见的刀片切削刃形状见表 2.1-10。

表 2.1-10　刀片切削刃形状

符　　号	F	E	T	S
说明	尖锐切削刃	倒圆切削刃	负倒棱切削刃	负倒棱加倒圆切削刃
简图				

将刀片切削刃口修磨成倒圆、倒棱或者两者复合均有，其目的是在已选定刀片几何形状几个主要参数后，为实现正常切削，使刀具与工件形成一种良好直接接触面，使在相关切削条件下最坚固结实。一般正确的刃口修磨带是均匀一致的，其尺寸和几何形状要求非常精确。正确的刃口修磨，使刃口强化，能承受巨大的压力，良好的修磨可以延缓磨损，延长刀具寿命，正确地修磨，甚至可以提高 200% 刀具寿命，故对刀具修磨是非常重要的。

一般小的修磨量用于切削深度、进给量小的精加工，软材料加工，工件与机床刚性差时的加工。大的修磨量用于切削硬质材料，切削黑皮、断续切削，机床、工件、夹具刚性大时的加工。

第 9 位表示刀片切削方向，用一个英文字母代表，见表 2.1-11。

表 2.1-11　刀片切削方向

符　　号	R	L	N
说明	右切	左切	左右切
简图			

第 10 位为各刀具公司的补充符号。

【例 1-11】　说明车刀可转位刀片 CNMG120408ENUB 公制型号表示的含义。

C——80°菱形刀片形状；

N——法后角为 0°；

M——刀尖转位尺寸公差 ±(0.08~0.18)mm，内接圆公差 ±(0.05~0.13)mm，厚度公差 ±0.13mm；

G——圆柱孔双面断屑槽；

12——内接圆直径 12mm；

04——厚度 4.76mm；

08——刀尖圆角半径 0.8mm；

E——倒圆切削刃；

N——左右切削（无切削方向）；

UB——此刀具厂商规定此刀片用于半精加工。

5）可转位刀片的选择。根据被加工零件的材料、表面粗糙度要求和加工余量等条件来确定刀片的类型。在这里主要介绍车削刀片的选择方法，其他切削加工刀片可作参考。

① 刀片材料代码的选择。目前刀片材料有高速钢、硬质合金、涂层硬质合金、陶瓷、立方氮化硼和金刚石等几种，最常用的是硬质合金刀片。根据被加工工件材料的不同，选取相应工件材料组刀片代码。工件材料按照不同的机械加工性能，被分为 6 个工件材料组，它们分别与一个字母和一种颜色对应，以确定被加工工件的材料组代码，代码选择见表 2.1-12。

表 2.1-12 选择工件材料代码

加工材料组		代　码
钢	非合金和合金钢 高合金钢 不锈钢、铁素体、马氏体	P（蓝）
不锈钢和铸铁	奥氏体 铁素体—奥氏体	M（黄）
铸铁	可锻铸铁、灰口铸铁、球墨铸铁	K（红）
NF 金属	非铁金属和非金属材料	N（绿）
难切削材料	以镍或钴为基体的热固型材料、钛合金以及难切削加工的高合金钢	S（棕）
硬材料	淬硬钢、淬硬铸铁、锰钢	H（白）

② 刀片形状选择。刀片形状主要依据被加工工件的表面形状、切削工序（粗车、半精车或精车）、切削类型（纵向车削、端面车削、仿形车削等）、刀具寿命（和生产批量有关）和刀片的转位次数等因素来选择。通常 80°的菱形刀片使用较多，它适合大多数工序的加工，但要求仿形能力较强时，需选刀尖角为 35°的菱形刀片。

③ 刀片尺寸选择。刀片尺寸的大小取决于必要的有效切削刃长度。有效切削刃长度与切削深度和主偏角有关。

④ 刀片断屑槽型的选择。刀片槽型决定了切削作用和切削刃强度，以及基于切削深度和进给的可接受的断屑范围，一般刀片材料代码确定了，槽型也就确定下来了（如用于钢的 PM 槽型、用于不锈钢的 MM 槽型和用于铸铁的 KM 槽型），因为刀片槽型是专为零件材料的类型而设计的，不同的材料有不同的断屑槽型。另外还有其他的影响，如粗加工、半精加工还是精加工，刀片是正前角形状，还是负前角形状等，都将影响断屑槽型。

⑤ 刀片的刀尖半径选择。刀尖圆弧半径的大小直接影响刀尖的强度及被加工零件的表面粗糙度。刀尖圆弧半径大，表面粗糙度值增大，切削力增大，易产生振动，切削性能变坏，但切削刃强度增加，刀具前后刀面磨损减小。

通常在切削深度较小的精加工、细长轴加工和机床刚度较差情况下，选用刀尖圆弧较小些；而在需要切削刃强度高、工件直径大的粗加工中，选用刀尖圆弧大些。

⑥ 确定刀片牌号。

6）可转位刀体的选择。

① 根据刀具在所使用数控车床中的夹紧方式选择刀柄。如常规刀柄外圆车刀体为方形（刀方尺寸有 20mm×20mm、25mm×20mm、25mm×25mm 等多种），内孔刀具一般为圆柱形，内孔尺寸的大小决定了内孔刀杆的直径尺寸（如直径 12mm 的内孔刀杆可加工孔径最小为 16mm）。

② 确定切削类型（外圆车削还是内圆车削）、操作类型（纵向车削、端面车削、仿形车削还是其他切削方式）、刀具系统（负前角还是正前角以及相应刀片的夹紧方式）。

③ 根据被加工零件材料、切削工序以及切削工况的稳定性等选择。

④ 选择相应的切削参数。如在刀片盒上厂家推荐的切削参数和进给初始值等。

1.2.2　数控车床夹具

1. 车床夹具的分类

数控车削各种表面都是围绕机床主轴的旋转轴线而形成的，根据这一加工特点和夹具在机床上安装的位置，将车床夹具分为两种基本类型。

（1）安装在车床主轴上的夹具

这类夹具小，除了各种卡盘、顶尖等通用夹具或其他机床附件外，往往还根据加工的需要设计各种心轴或其他专用夹具。加工时，夹具随机床主轴一起旋转，切削刀具做进给运动。

（2）安装在滑板或床身上的夹具

对于某些形状不规则和尺寸较大的工件，常常把夹具安装在床身或滑板上，刀具则安装在车床主轴上做旋转运动，夹具做进给运动。加工回转成形面的靠模属于此类夹具。

车床夹具按使用范围，又可分为通用车夹具、专用车夹具和组合夹具 3 类。

2. 数控车床常用的装夹方法

（1）单动卡盘装夹工件

单动卡盘有正爪和反爪两种形式，反爪适合装夹较大的工件。单动卡盘外形如图 2.1-51a 所示。它的 4 个爪通过 4 个螺杆独立移动。它的特点是能装夹形状比较复杂的非回转体如方形、长方形等，而且夹紧力大、找正费时。由于其装夹后不能自动定心，所以装夹效率较低，装夹时必须用划线盘或百分表找正，使工件回转中心与车床主轴中心对齐，如图 2.1-51b 为用百分表找正外圆的示意图。图 2.1-52 是单动卡盘上用 V 形架固定工件的方法，调好中心后，用三爪固定一个 V 形架，只用第 4 个卡爪夹紧和松开工件。

（2）自定心卡盘装夹工件

自定心卡盘分为机夹式自定心和自动自定心两种形式（图 2.1-53），是最常用的车床通用夹具，它的 3 个卡爪是同步运动的，可以自动定心，夹持范围大，装夹速度快，但定心精度存在误差，一般为 0.05～0.15mm，不适合同轴度要求高的工件的二次装夹。自定心卡盘装夹方便、省时，但夹紧力没有单动卡盘大，适合装夹外形规则的中小型工件。自定心卡盘可装成正爪或反爪两种形式，反爪用来装夹直径较大的工件。用自定心卡盘装夹精加工过的表面时，被夹住的工件表面应包一层铜皮，以免夹伤工件表面。

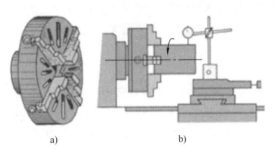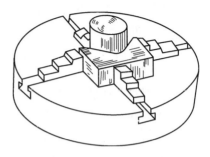

图 2.1-51　单动卡盘装夹工件

a）单动卡盘　b）用百分表找正

图 2.1-52　单动卡盘应用

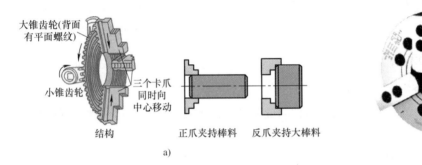

图 2.1-53　机夹式自定心卡盘和自动自定心卡盘

a）机夹式自定心卡盘　b）自动自定心卡盘

为提高生产率和减轻劳动强度，数控车床广泛采用液压高速动力卡盘夹持工件，轴类工件还可使用尾座顶尖支持工件。这种卡盘在生产厂已通过了严格平衡检验，具有高转速（极限转速可达 8000r/min 以上）、高夹紧力（最大推拉力为 2000～8000N）、高精度、调爪方便、通孔、使用寿命长等优点。通过调整液压缸的压力，可改变卡盘的夹紧力，以满足夹持各种薄壁和易变形工件的特殊需要。还可使用软爪夹持工件，软爪弧面由操作者随机配制，可获得理想的夹持精度。为减少细长轴加工时的受力变形，提高加工精度，以及在加工带孔轴类工件内孔时，可采用液压自动定心中心架，其定心精度可达 0.03mm。

（3）两顶尖之间装夹工件

对于长度尺寸较大、同轴度要求较高或加工工序较多的轴类工件，例如在车削后还要经过磨削加工的零件，为保证每次装夹时的装夹精度，可用两顶尖装夹。两顶尖装夹工件方便，不需找正，装夹精度高，但刚性差，该装夹方式适用于多工序加工或精加工。

装夹工件时，必须先在工件的两端面钻出中心孔。如图 2.1-54 所示，工件利用中心孔被顶在前后顶尖之间，并通过拨盘和卡箍随主轴一起转动。前顶尖装在车床主轴锥孔中（自制前顶尖可用自定心卡盘装夹）与主轴一起旋转，后顶尖可以直接或加锥套安装在机床尾座锥孔内。

后顶尖有固定顶尖和回转顶尖两种，如图 2.1-55 所示。固定顶尖与工件回转中心孔发生摩擦，在接触面上要加润滑脂润滑，防止将中心孔或顶尖烧毁。固定顶尖定心准确，刚性好，适用于低速切削和工件精度要求较高的场合。回转顶尖随工件一起转动，与工件中心孔无摩擦，适用于高速切削。由于回转顶尖克服了固定顶尖的缺点，因此也得到了广泛应用。

但回转顶尖存在一定的装配积累误差，而且当滚动轴承磨损后，会使顶尖产生跳动，这些都会降低加工精度。

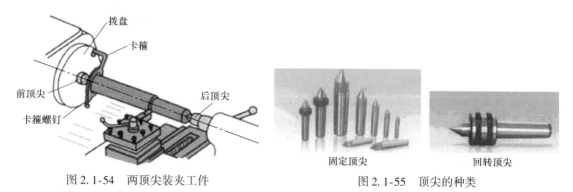

图 2.1-54　两顶尖装夹工件　　　　　　　　图 2.1-55　顶尖的种类

中心孔能够在各个工序中重复使用，其定位精度不变。轴两端中心孔作为定位基准与轴的设计基准、测量基准一致，符合基准重合原则。

按照国家标准规定中心孔有 A 型（不带保护锥）、B 型（带保护锥）、C 型（带螺纹）、R 型（弧形）4 种，如图 2.1-56 所示。不同类型的中心孔适合不同的加工精度与装夹要求，选择时应注意遵循下述原则。

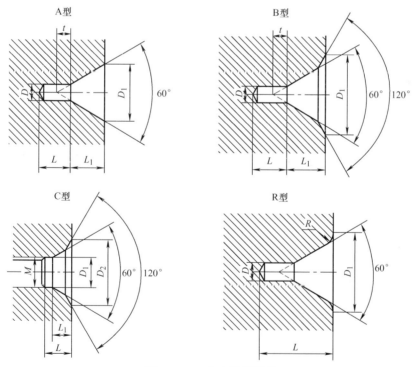

图 2.1-56　中心孔的形状

① A 型是普通中心孔，60°锥孔部分与顶尖贴合起定心作用，前端圆孔的作用是不使顶尖尖端接触工件，以保证顶尖与锥孔贴合，适合精度一般的轴类零件，中心孔不需要重复使用的场合。

② B 型是带护锥的小中心孔，端部 120°护锥面保护 60°锥面不被碰伤。适合精度要求较高、工序较多、需多次使用中心孔的工件。

③ C 型中心孔是将上述两种中心孔的圆柱孔部分，用内螺纹来代替。用于需要在轴向固定其他工件的场合。

④ R 型中心孔与 A 型的区别是将 60°锥面变为圆弧面，因而与顶尖的接触变为线接触，可自动纠正少量的位置偏差。

为了提高外圆表面的加工质量，修研中心孔是重要的手段之一。此外，在轴的加工工艺过程中，中心孔还会磨损、被拉毛，热处理后的氧化及变形等使它需要进行修正。常用的中心孔修研方法如图 2.1-57 所示。图 2.1-57a 是用铸铁、油石或橡胶砂轮做成顶尖作为研具，然后用后座顶尖将工件夹持在研具与顶尖之间，在中心孔里加入少许润滑油，在卡盘高速转动时，手持工件缓慢转动。该方法修研的中心孔质量好、效率高，应用较多。缺点是研具要经常修正。另一种方法是用硬质合金制成锥面上带槽和刃带的顶尖，如图 2.1-57b 所示，用它对工件的中心孔刮研，通过刃带对中心孔的切削和挤压作用提高中心孔的精度。这种方法生产率较高，但质量稍差。

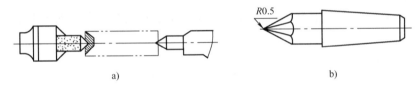

R0.5

a)

b)

图 2.1-57　中心孔的修研

a) 用油石修研中心孔　b) 用硬质合金顶尖修研中心孔

（4）用卡盘和顶尖装夹工件

用两顶尖装夹工件虽然精度高，但刚性较差。因此，车削质量较大工件时要一端用卡盘夹住，另一端用后顶尖支承，如图 2.1-58 所示。为了防止工件由于切削力的作用而产生轴向位移，必须在卡盘内装一限位支承，或利用工件的台阶面限位。这种方法比较安全，能承受较大的轴向切削力，安装刚性好，轴向定位准确。如果不采用轴向限位支承，加工者必须随时注意后顶尖的支顶松紧状况，并及时进行调整，以防发生事故。

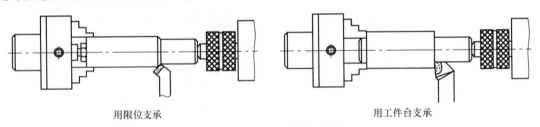

用限位支承　　　　　　　　　　　用工件台支承

图 2.1-58　一夹一顶装夹工件

（5）软爪卡盘装夹工件

由于自定心卡盘定心精度不高（0.05 ~ 0.15mm），当批量零件加工同轴度要求高的工件二次装夹时，常常使用软爪。

软爪也就是可以进行车削的卡爪，通常自定心卡盘是经过热处理的，硬度相对来说比较高，很难进行车削，软爪是针对这种情况而进行设计制造的具有切削性能的卡爪。

软爪也有正爪和反爪两种形式，反爪适合装夹较大的工件。

软爪安装示意图如图 2.1-59 所示。加工软爪时要注意以下几方面的问题。

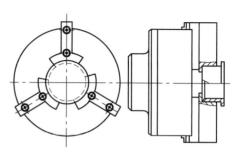

图 2.1-59 软爪安装示意图

① 软爪要在与使用时相同的夹紧状态下加工，以免在加工过程中松动和由于反向间隙而引起定心误差。

② 车削软爪的圆弧直径应与装夹工件的直径基本相同或稍大 0.06 ~ 0.1mm，并车出一个台阶，在台阶根部最好切一个小环槽（起清根作用），以使工件正确定位。

③ 软爪装夹的最大特点是工件虽经多次装夹仍能保持一定的位置精度（约为 0.02mm）。大大缩短了工件的装夹校正时间。一般软爪都装在液压动力卡盘上使用，如果装在机夹卡盘上使用时，在车削软爪或每次装卸零件时，应注意固定使用同一扳手方孔，夹紧力也要均匀一致，改用其他扳手方孔或改变夹紧力的大小，都会改变卡盘平面螺纹的移动量，从而影响装夹后的定位精度。

（6）拨动顶尖装夹工件

为了缩短装夹时间，可采用液压内、外拨动顶尖，如图 2.1-60 所示。拨动顶尖是在数控车床上用来代替鸡心夹头及拨盘等传统车床夹具的更新换代产品。使用拨动顶尖装夹工件时不像传统夹具那样必须夹紧工件外圆，而是依靠拨爪驱动工件的端面并使其随车床主轴旋转。这种顶尖锥面上的齿能嵌入工件，拨动工件旋转。圆锥角一般采用 60°，硬度为 50 ~ 60HRC，外拨动顶尖用于装夹套类工件或者两端带有中心孔的轴类零件，它能在一次装夹中加工外圆；内拨动顶尖一般用于轴类工件的装夹。使用拨动顶尖装夹工件具有以下突出优点。

① 可在一次装夹过程中加工完工件全长，不需掉头装夹，至少能节省一倍以上的装夹辅助时间。

② 等直径不存在所谓"接刀"问题，且加工后工件各有关表面之间的相互位置精度高。

③ 夹紧力不受机床主轴转速影响，特别适应高速车削的要求。

④ 工件端面对中心线有较大位置误差时仍能保证可靠夹紧。

⑤ 综合加工效率高，操作工人劳动强度显著降低。

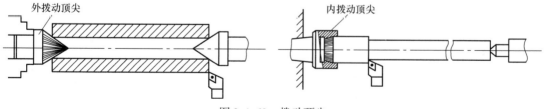

图 2.1-60 拨动顶尖

（7）心轴装夹工件

车削一些中小型的套、带轮、齿轮零件时，为保证零件的同轴度和垂直度，常使用心轴，以内孔作为定位基准来加工。心轴容易制造，使用方便，因此在工厂中得到广泛应用。

常用的心轴有以下几种。

1）实体心轴装夹工件。实体心轴（图2.1-61）有带台阶的圆柱心轴和不带台阶的锥度心轴两种。带台阶的心轴圆柱部分与零件孔保持较小的间隙配合，工件主要靠螺母来压紧，精度相对较低。但一次可以装夹多个零件，如果装上快速垫圈，装卸工件就更方便。不带台阶的心轴主要是小锥度心轴，这种心轴有1∶5000～1∶1000的锥度，制造容易，加工的零件精度也较高，但轴向无法定位，能承受的切削力小，装卸不太方便。

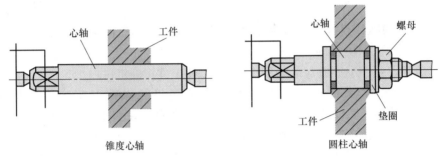

图2.1-61　实体心轴

2）可胀心轴装夹工件。可胀心轴（图2.1-62）主要是依靠材料本身弹性变形所产生的力来固定工件的，锥度采用30°左右，最薄壁厚度为3～6mm，槽做成三等分。临时使用的可胀心轴通常是采用铸铁做成，长期使用的可胀心轴采用弹簧钢制成。由于装卸方便，精度较高，因此得到广泛的应用。

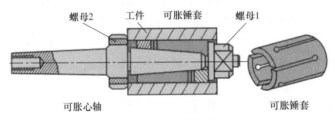

图2.1-62　可胀心轴

使用可胀心轴是一种以工件内孔为定位基准来达到工件相互位置精度的方法，优点是设计制造简单、装卸方便，较容易达到精度要求。但当工件孔较小、外径很大、长度较短时，应该采用以外圆为定位基准来保证技术要求。

3）顶尖式心轴装夹工件。顶尖式心轴如图2.1-63所示，工件以孔口60°角定位车削外圆表面。当旋转螺母6时，回转顶尖4左移，从而使工件定心夹紧。顶尖式心轴的结构简单、夹紧可靠、操作方便，适用于加工内、外圆无同轴度要求，或只需加工外圆的套筒类零件。被加工工件的内径 d_s 一般在32～110mm范围内，长度 L_s 在120～780mm。

4）螺纹心轴装夹工件。螺纹心轴装夹工件如图2.1-64所示。螺纹心轴分为外螺纹心轴和内螺纹心轴两种。其中，外螺纹心轴装夹工件时，利用工件本身的内螺纹旋入心轴后紧固；内螺纹心轴装夹工件时，利用工件本身的外螺纹旋进心套后紧固。采用此种方法装卸工件不方便，加工零件也不能太长，但是如果螺纹配合精度较高，加上有一小段台阶表面配合，可以达到很好的同轴度要求（0.02mm以内）。

（8）用中心架支承车削细长轴

车削细长轴时，当工件可以进行分段切削时，用中心架支承在工件之间，增加工件的刚

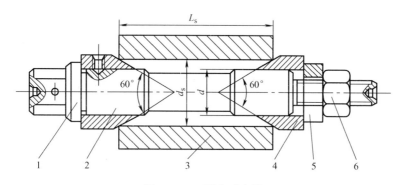

图 2.1-63　顶尖式心轴

1—轴肩　2—心轴　3—工件　4—回转顶尖　5—垫圈　6—螺母

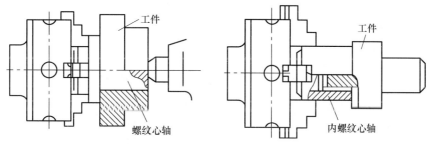

图 2.1-64　螺纹心轴装夹工件

性，如图 2.1-65 所示。

工件装上中心架之前，必须在毛坯中部车出一段支承中心架支承的沟槽，其表面粗糙度及圆柱度误差要小，并在支承爪与工件接触处经常加润滑油。为提高工件精度，车削前应将工件轴线调整到与机床主轴回转中心在同轴。

图 2.1-65　用中心架支承车削细长轴

（9）用跟刀架车削细长轴

对不适宜掉头车削的细长轴，不能用中心架支承，而要用跟刀架支承进行车削，以增加工件的刚性。如图 2.1-66c 所示跟刀架固定在床鞍上，一般有两个支承爪，它可以跟随车刀移动，抵消径向切削力，提高车削细长轴的形状精度和减小表面粗糙度。

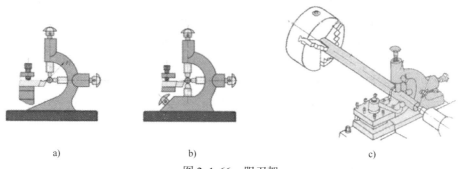

a)　　　　　　　　　　　b)　　　　　　　　　　　c)

图 2.1-66　跟刀架

a）两爪跟刀架　b）三爪跟刀架　c）用跟刀架车削细长轴

（10）用花盘装夹工件

在车削加工中，有时会遇到一些外形复杂和不规则的零件，如对开轴承座、双孔连杆、十字孔工件、齿轮泵体、偏心工件等。这些工件不能用自定心或单动卡盘直接装夹，必须借助于附件或装夹在专用夹具上加工。当工件的数量较少时，一般不设计专用夹具，而是用花盘、弯板等一些车床附件。

1）花盘。被加工表面回转轴线与基准面互相垂直，外形复杂的工件，可以装夹在花盘上车削。花盘是安装在车床主轴上的一个大圆盘，盘面上的许多长槽用以穿放螺栓，工件可用螺栓直接安装在花盘上，如图 2.1-67a 所示。

2）弯板。被加工表面回转轴线与基准面互相平行，外形复杂的工件，可以装夹在花盘的弯板上加工。如图 2.1-67b 所示为加工一轴承座端面和内孔时，在花盘上装夹的情况。为了防止转动时因重心偏向一边而产生振动，在工件的另一边要加平衡铁。工件在花盘上的位置需经仔细找正。

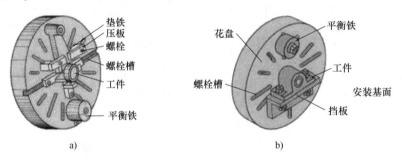

图 2.1-67 在花盘上装夹工件

a）在花盘上安装零件 b）在花盘上用弯板安装零件

1.2.3 数控车床车削加工工艺制订

工艺分析是数控车削加工的前期工艺准备工作。工艺制订得合理与否，对程序编制、机床的加工效率和零件的加工精度都有重要影响。因此，应遵循一般的工艺原则并结合数控车床的特点，认真详细地制订好数控车削的加工工艺。

1. 分析零件图

首先从零件图的分析中，了解工件的外形、结构，工件上需加工的部位及其形状、尺寸精度、和表面粗糙度；了解各加工部位之间的相对位置和尺寸精度；了解工件材料及其他技术要求。从中找出工件经加工后必须达到的主要加工尺寸和重要位置尺寸精度。分析了解工件的工艺基准，包括其外形尺寸、在工件上的位置、结构及其他部位的相对关系等，以便确定定位基准和测量基准；了解工件的加工数量，不同的加工数量所采用的工艺方案也不同。

（1）构成零件轮廓几何要素的分析

车削加工中手工编程时，要计算每个节点坐标；自动编程时，要对构成零件轮廓所有几何元素进行定义。因此在分析零件图时应注意：

1）零件图上是否漏掉某尺寸，使其几何条件不充分，影响到零件轮廓的构成。

2）零件图上的图线位置是否模糊或尺寸标注不清，使编程无法下手。

3）零件图上给定的几何条件是否合理，是否会造成数学处理困难。

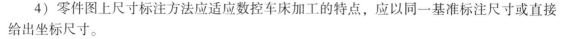

4）零件图上尺寸标注方法应适应数控车床加工的特点，应以同一基准标注尺寸或直接给出坐标尺寸。

（2）尺寸精度的分析

分析零件图样尺寸精度的要求，以判断能否利用车削工艺达到，如精度较高的表面用车削加工方法不能满足要求，留加工余量，利用其他方法加工（如磨削）。

在分析尺寸精度的过程中，还可以同时进行一些尺寸的换算，如增量尺寸与绝对尺寸及尺寸链计算等。在利用数控车床车削零件时，常常对零件要求的尺寸取上和下极限尺寸的平均值作为编程的尺寸依据。

（3）形状和位置精度的分析

零件图样上给定的形状和位置公差是保证零件精度的重要依据。加工时，要按照其要求确定零件工艺基准（定位基准和测量基准），以便有效控制零件的形状和位置精度。

（4）表面粗糙度的分析

表面粗糙度是保证零件表面微观精度的重要要求，也是合理选择数控车床、刀具及确定切削用量的依据，对于粗糙度要求较高且零件直径尺寸变化较大的表面，应确定恒线速切削，如车削不能满足要求，应留加工余量，利用磨削加工。

（5）材料与热处理要求

零件图样上给定的材料与热处理要求，是选择刀具和数控车床型号、确定切削用量的依据。

（6）加工数量

零件加工数量的多少，影响工件的装夹与定位、刀具的选择、工序的安排以及走刀路线的确定。例如，单件产品的加工，粗、精加工使用同一把刀具，而批量生产粗、精加工各用一把刀具；单件生产时需要掉头的零件也只用一台数控车床，而批量生产时为提高效率，选用两台数控车床加工。

2. 加工路线的确定

（1）加工方法的选择

在数控车床上，能够完成内、外回转体表面的车削、钻孔、铰孔和车螺纹等加工，具体选择时应根据零件的加工精度、表面粗糙度、材料、结构形状以及生产类型等因素，选择相应的加工方法。

数控车削外回转表面加工方案确定如下：

① 精度 IT9，$Ra3.2 \sim 6.3\mu m$，材料为淬火钢外常用金属，可按粗车→精车方案加工。

② 精度 IT7、IT8，$Ra0.8 \sim 1.6\mu m$，材料为淬火钢外常用金属，可按粗车→半精车→精车方案加工。

③ 精度 IT5、IT6，$Ra0.2 \sim 0.63\mu m$，材料为淬火钢外常用金属，可按粗车→半精车→精车→细车方案加工。

④ 精度 IT5，$Ra < 0.08\mu m$，材料为淬火钢外常用金属，可按粗车→半精车→精车→超精车方案加工。

⑤ 材料为淬火钢等难车削材料，淬火前可采用粗车、半精车的方法，淬火后安排磨削加工。对于 $Ra < 0.08\mu m$、加工精度较高的有色金属零件，为了加工的经济性，一般都采用粗车→精车→磨削的加工方法。

（2）加工工序的划分

在数控机床上加工零件，工序相对比较集中，一次装夹尽可能完成全部工序的加工。对于数控车削加工来说以下两种原则使用较多：

1）提高生产率的原则。数控加工中，为减少换刀次数，节省换刀时间，应将同一把刀加工的部分全部加工完成后，再换另一把刀具加工其他部位。同时应尽量减少空行程，以最短的路线到达加工部位，再以最短的加工路线进行零件切削。

2）保持精度原则。为了减小热变形和切削力变形对工件的形状位置精度、尺寸精度和表面粗糙度的影响，应将粗、精加工分开进行。对轴类或盘类零件，将待加工面先加工，留少量余量精加工，以此来保证零件的表面粗糙度要求。对轴上有槽、螺纹的工件，应先加工表面，再加工槽和螺纹。如图 2.1-68 所示的零件，先利用复合循环指令将整个零件的大部分余量切除，再将表面精车一遍，以此来保证零件的加工精度和表面粗糙度的要求。

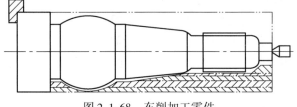

图 2.1-68 车削加工零件

（3）数控车削加工顺序确定的一般原则

在数控车床加工过程中，由于加工对象复杂多样，特别是轮廓曲线的形状及位置千变万化，加上材料不同、批量不同等多方面因素的影响，在对具体零件制订加工顺序时，应该进行具体分析和区别对待，灵活处理。只有这样，才能使所制订的加工顺序合理，从而达到质量优、效率高和成本低的目的。

1）先粗后精。为了提高生产效率并保证零件的精加工质量，零件按照粗车→半精车→精车的顺序进行车削。首先安排粗加工工序，在较短的时间内，将精加工前大量的加工余量去掉，同时尽量满足精加工的余量均匀性要求。当粗加工后所留余量的均匀性满足不了精加工要求时，应安排半精加工作为过渡性工序，以便使精加工余量小而均匀。

精加工时，零件的最终轮廓应连续加工完成。避免在连续的轮廓中安排切入、切出、换刀或停顿，以免因切削力突然变化而造成弹性变形，致使光滑连接的轮廓上产生表面划伤、形状突变或滞留刀痕等缺陷。

2）先近后远加工，减少空行程时间。这里所说的远与近，是按加工部位相对于起刀点的距离而言的。在一般情况下，特别是在粗加工时，通常安排离对刀点近的部位先加工，离起刀点远的部位后加工，以便缩短刀具移动距离，减少空行程时间。对于车削加工而言，先近后远有利于保证坯件或半成品的刚性，改善切削条件。

例如，当加工图 2.1-69 所示零件时，如果按 $\phi 38mm \rightarrow \phi 36mm \rightarrow \phi 34mm$ 的次序

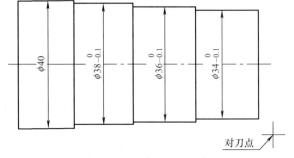

图 2.1-69 先近后远示例

安排车削，不仅会增加刀具返回对刀点所需的空行程时间，而且还可能使台阶的外直角处产

生毛刺（飞边）。对这类直径相差不大的台阶轴，当第一刀的切削深度（图中最大切削深度可为3mm左右）未超限时，宜按φ34mm→φ36mm→φ38mm的次序先近后远地安排车削。

3）内、外交叉。对于既有内型腔又有外表面加工的回转类零件，如果零件壁较厚，刚性相对较好，可以按照先粗后精的加工顺序进行加工；如果零件壁较薄，也就是薄壁零件，为了防止零件变形、保证零件尺寸精度，则应先进行内、外表面粗加工，后进行内、外表面精加工。切不可将零件上一部分表面（外表面或内表面）加工完毕后，再加工其他表面（内表面或外表面）。

4）保持工件刚度原则。在零件有多处需要加工时，应先加工对零件刚性破坏较小的部位，以保证零件的刚度要求。因此应该先加工与装夹部位距离较远和在后续加工中不受力或受力较小的部位。

5）同一把刀尽量连续加工的原则。在加工时尽量使用同一把刀把零件所有的加工部位加工出来，以便减少换刀次数，缩短刀具的移动距离。特别是加工时使用的刀具数量超过数控车床的刀位数时（例如车削零件需要5把刀具，而刀架同时只能装夹4把刀具），如果不采用此原则，就会由于刀具的重新装卸和对刀，而造成零件加工时间的延长；同时因为重新对刀可能导致零件精度的下降，甚至零件的报废。

6）特殊情况原则。在数控车削加工中，一般情况下，Z坐标轴方向的进给运动都是沿着负方向进给的，但有时按常规的负方向安排进给路线并不合理，甚至可能车坏工件。

例如，当采用尖形车刀加工大圆弧表面零件时，安排两种不同的进给路线，如图2.1-70所示，其结果也不相同。

对于图2.1-70a所示的第一种进给方法（$-Z$走向），因切削时尖形车刀的主偏角为100°~105°，这时切削力在X向的较大分力（吃刀抗力）将沿着图2.1-70a所示的$+X$方向作用，若滚珠丝杠螺母副有反向间隙，当刀尖运动到圆弧的换象限处，即由$-Z$、$-X$向$-Z$、$+X$变换时，就使刀尖嵌入零件表面（即扎刀），从而大大降低零件的表面质量。

对于图2.1-70b所示的第二种进给方法（$+Z$走向），吃刀抗力沿图2.1-70b所示$-X$向作用，即使滚珠丝杠螺母副存在反向间隙，当尖刀运动到圆弧的换象限处时，也不会产生扎刀现象，所以图2.1-70b所示进给路线是较合理的。

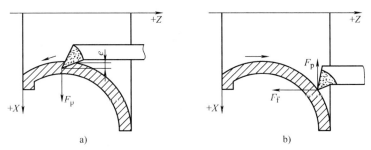

图2.1-70　特殊情况原则

说明：上述原则并不是一成不变的，对于某些特殊情况，需要采取灵活可变的方案。如有的工件就必须先精加工后粗加工，才能保证其加工精度与质量。这些都有赖于编程者实际加工经验的不断积累与学习。

（4）进给路线的安排

刀具刀位点相对于工件的运动轨迹和方向称为进给路线，即刀具从起刀点开始运动起，直至加工结束所经过的路径，包括切削加工的路径及刀具切入、切出等切削空行程。

加工路线的确定首先必须保持被加工零件的尺寸精度和表面质量，其次考虑数值计算简单、走刀路线尽量短、效率较高等。

因精加工的进给路线基本上都是沿其零件轮廓顺序进行的，因此确定进给路线的工作重点是确定粗加工及空行程的进给路线。下面将具体分析。

1）轮廓粗车进给路线。在确定粗车进给路线时，根据最短切削进给路线的原则，同时兼顾工件的刚性和加工工艺性等要求，来选择确定最合理的进给路线。

图 2.1-71a 为利用其程序单一固定循环功能安排的"三角形"走刀路线。

图 2.1-71b 为利用其棒料粗车复合循环功能而安排的"矩形"走刀路线。

图 2.1-71c 表示利用数控系统具有的封闭式复合循环（又称仿形循环，适合铸锻件毛坯）功能而控制车刀沿着工件轮廓进行走刀的路线。

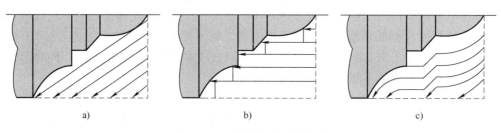

图 2.1-71 轮廓粗车进给路线

a)"三角形"走刀 b)"矩形"走刀 c)沿工件轮廓走刀

对以上 3 种切削进给路线，经分析和判断后可知矩形走刀进给路线的长度总和最短。因此，在同等条件下，其切削所需时间（不含空行程）为最短，刀具的损耗小。另外，棒料复合循环加工的程序段格式较简单，所以这种进给路线的安排，在制订加工方案时应用较多。

2）铸锻件粗车的进给路线。

① 加工余量均匀且较小的台阶轴，粗车常采用先沿直径方向车削，再沿轴向车削，如图 2.1-72 所示，选用主偏角为 90°、副偏角为 15° 的外圆车刀，先沿工件直径方向按图中标注的切削顺序进行粗加工，再按所标的顺序进行轴向粗加工。

如果加工余量较大且均匀，可以采用封闭式复合循环（又称仿形或复制循环）的方法进行粗车，如图 2.1-71c 所示。

如果加工余量较大但不均匀，对于余量较大的部分，需分层多次走刀切削时，从第 2 刀开始就要注意防止走刀到终点时切削深度的猛增。如图 2.1-74 所示，设以 90° 主偏角刀分层车削外圆，合理的安排应是每一刀的切削终点依次提前一小段距离 e（例如可取 $e = 0.05\text{mm}$）。如果 $e = 0$，则每一刀都终止在同一轴向位置上，主切削刃就可能受到瞬时的重负荷冲击。当刀具的主偏角大于 90°，但仍然接近 90° 时，也宜做出层层递退的安排，经验表明，这对延长粗加工刀具的寿命是有利的。

② 如果毛坯形状的加工余量为圆弧形，常采用沿圆弧方向切削切除加工余量的方法，如图 2.1-73 所示。

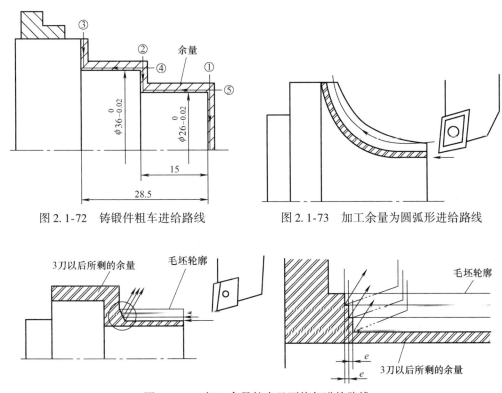

图 2.1-72　铸锻件粗车进给路线　　　　　图 2.1-73　加工余量为圆弧形进给路线

图 2.1-74　加工余量较大且不均匀进给路线

3）确定最短的走刀路线。

确定最短的走刀路线，除了依靠大量的实践经验外，还要善于分析，必要时辅以一些简单计算。现将实践中的部分设计方法或思路介绍如下。

① 确定空走刀路线。图 2.1-75a 为采用矩形循环（单一循环）方式进行粗车的一般情况示例。其起刀点 A 的设定是考虑到精车等加工过程中需方便地换刀，故设置在离坯料较远的位置处，同时将起刀点与其换刀点重合在一起，按 3 刀粗车的走刀路线安排如下：第 1 刀为 $A \to B \to C \to D \to A$；第 2 刀为 $A \to E \to F \to G \to A$；第 3 刀为 $A \to H \to I \to J \to A$。

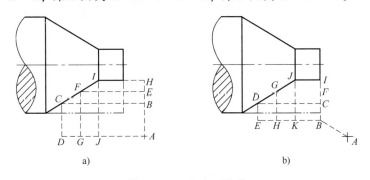

a)　　　　　　　　　　　b)

图 2.1-75　空走刀路线

a）矩形循环走刀路线　b）起刀点与换刀点分离走刀路线

图 2.1-75b 则是将起刀点与换刀点分离，并设于图示 B 点位置，仍按相同的切削用量进行 3 刀粗车，其走刀路线安排如下：起刀点与换刀点分离的空行程为 $A \to B$；第 1 刀为 $B \to C$

→D→E→B；第 2 刀为 B→F→G→H→B；第 3 刀为 B→I→J→K→B。

显然，图 2.1-75b 所示的走刀路线短，这种起刀点的设置同样适合螺纹的加工。

② 确定最短的切削进给路线。切削进给路线短，可有效地提高生产效率，降低刀具损耗等。在安排粗加工或半精加工的切削进给路线时，应同时兼顾到被加工零件的刚性及加工的工艺性等要求，不要顾此失彼。如图 2.1-71 所示的 3 种切削进给路线，经分析和判断后可知图 2.1-71b 的走刀进给路线的长度总和最短，在批量生产加工时经常使用。但在单件生产时，最短的进给路线不是影响经济的主要因素。

4）巧用换刀点。

合理安排"回零"路线，例如，换刀时，刀架远离工件的距离只要能保证换刀时刀具不和工件发生干涉即可，而没有必要每次都回到机床原点。

5）刀具的切入、切出。

在数控机床上进行加工时，要安排好刀具的切入、切出路线，尽量使刀具沿轮廓的切线方向切入、切出。

1.2.4 刀具补偿功能

在数控编程过程中，为使编程工作更加方便，通常将数控刀具的刀尖假想成一个点，该点称为刀位点或刀尖点。在编程时，一般不考虑刀具的长度与刀尖圆弧半径，只需考虑刀位点与编程轨迹重合。但在实际加工过程中，由于刀尖圆弧半径与刀具长度各不相同，在加工中会产生很大的加工误差。因此，实际加工时必须通过刀具补偿指令，使数控机床根据实际使用的刀具尺寸，自动调整各坐标轴的移动量，确保实际加工轮廓和编程轨迹完全一致。数控机床根据刀具实际尺寸，自动改变机床坐标轴或刀具刀位点位置。使实际加工轮廓和编程轨迹完全一致的功能，称为刀具补偿功能。

数控车床的刀具补偿分为刀具偏移（亦称为刀具长度补偿）和刀具圆弧半径补偿两种。

所谓刀位点是指编制程序和加工时，用于表示刀具特征的点，也是对刀和加工的基准点。数控车刀的刀位点如图 2.1-76 所示，尖形车刀的刀位点通常是指刀具的刀尖；圆弧形车刀的刀位点是指圆弧刃的圆心；成形刀具的刀位点也通常是指刀尖。

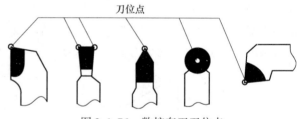

图 2.1-76　数控车刀刀位点

1. 刀具的偏移

（1）刀具偏移的含义

刀具偏移是用来补偿假定刀具长度与基准刀具长度之差的。车床数控系统规定 X 轴与 Z 轴可同时实现刀具偏移。

刀具偏移分为刀具几何偏移和刀具磨损偏移两种。由于刀具的几何形状不同和刀具安装位置不同而产生的刀具偏移称为刀具几何偏移，由刀具刀尖的磨损产生的刀具偏移则称为刀具磨损偏移（又称磨耗）。

（2）利用刀具几何偏移进行对刀操作

1）对刀操作的定义。零件安装在数控机床上之后，就要确定刀具与工件的相对位置，相对位置是通过确认对刀点来实现的。对刀点是指通过对刀确认刀具与工件相对位置的基准点，通常设定为工件坐标系的原点。对刀点可以设在工件上，也可以设在与工件的定位基准有一定尺寸关系的夹具某一位置上。对刀点位置选择原则如下：

① 所选的对刀点应使程序编制简单。

② 对刀点应选在容易找正、便于确定零件加工原点的位置。

③ 对刀点应选在加工过程中检查方便、可靠的位置。

④ 对刀点的选择应有利于提高加工精度。

调整每把刀的刀位点，使其尽量重合于某一理想基准点，这一过程称为对刀。

2）对刀操作的过程。对刀过程参考子项目一汽车输出轴的加工。

3）利用刀具几何偏移进行对刀操作的实质。

利用刀具几何偏移进行对刀操作的实质就是，利用刀具几何偏移使工件坐标系原点与机床原点重合。这时，假想的基准刀具位于机床原点，长度为零，刀架上的实际刀具则通过对刀操作及刀具几何偏移设置后，使每把刀具比基准刀具的长度相差一个对应的 X 值与 Z 值（X 与 Z 的绝对值为机床回参考点后，工件坐标系原点相对于刀架工作位置上各刀具刀位点的轴向距离），每把刀具如要移到机床原点，则必须多移动相应的 X 值与 Z 值，从而使刀位点移到工件坐标系原点处。此时，程序中所有坐标值均为相对于机床原点的坐标值。

（3）刀具偏移的应用

利用刀具偏移功能，可以修整因对刀不正确或刀具磨损等原因造成的工件加工误差。如加工外圆表面时，如果外圆直径比要求的尺寸大了 0.2mm，此时只需将刀具偏移存储器中的 X 值减小 0.2，并用原刀具及原程序重新加工该零件，即可修整该加工误差。同样，如出现 Z 方向的误差，则其修整办法相同。

2. 刀尖圆弧半径补偿（G40、G41、G42）

（1）刀尖圆弧半径补偿的定义

在实际加工中，由于刀具产生磨损及精加工的需要，常将车刀的刀尖修磨成半径较小的圆弧，这时的刀位点为刀尖圆弧的圆心。为确保工件轮廓形状，加工时不允许刀具刀尖圆弧的圆心运动轨迹与被加工工件轮廓重合，而应与工件轮廓偏移一个半径值，这种偏移称为刀尖圆弧半径补偿。圆弧形车刀的切削刃半径偏移也与其相同。

目前，较多车床数控系统都具有刀尖圆弧半径补偿功能。在编程时，只要按工件轮廓进行编程，再通过系统补偿一个刀尖圆弧半径即可。

（2）假想刀尖与刀尖圆弧半径

在理想状态下，总是将尖形车刀的刀位点假想成一个点，该点即为假想刀尖，如图 2.1-77b 中的 A 点（图 2.1-77b 是图 2.1-77a 的放大图），在对刀时也是以假想刀尖进行对刀。但实际加工中由于工艺或其他要求，刀尖往往不是一个理想的点，而是一段圆弧，如图 2.1-77 中的 BC 圆弧。

所谓刀尖圆弧半径是指车刀刀尖圆弧所构成的假想圆半径，如图 2.1-77b 中的 r。

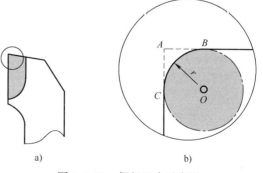

a)　　　　　　　　　　b)

图 2.1-77　假想刀尖示意图

实际加工中，所有车刀均有大小不等或近似的刀尖圆弧，假想刀尖在实际加工中是不存在的。

（3）未使用刀尖圆弧半径补偿功能时的加工误差分析

用圆弧刀尖的外圆车刀切削加工时，刀具的切削点在刀尖圆弧上变动，从而在加工过程中可能产生过切或少切现象，如图 2.1-78 所示。因此，采用圆弧刃车刀在不使用刀尖圆弧半径补偿功能的情况下会出现以下几种误差。

1）加工台阶面或端面时，对加工表面的尺寸和形状影响不大，但在端面的中心位置和台阶的清角位置会产生残留误差。

2）加工圆锥面时，对圆锥的锥度不会产生影响，但对锥面的大小端尺寸会产生较大的影响。

3）加工圆弧时，会对圆弧的圆度和圆弧半径产生影响。

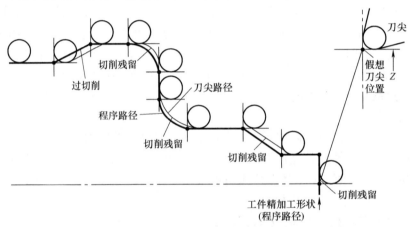

图 2.1-78　未使用刀尖圆弧半径补偿功能时的误差分析

（4）刀尖圆弧半径补偿指令格式

```
G41 G01/G00 X __ Z __ F __;    刀尖圆弧半径左补偿
G42 G01/G00 X __ Z __ F __;    刀尖圆弧半径右补偿
G40 G01/G00 X __ Z __ F __;    取消刀尖圆弧半径补偿
```

编程时，刀尖圆弧半径补偿偏置方向的判别如图 2.1-79 所示。只看工件上半部分，顺着刀具运动方向看，刀具在工件的右侧为刀尖圆弧半径右补偿，刀具在工件的左侧为刀尖圆弧半径左补偿，用 G40 可以取消刀尖圆弧半径补偿，这时车刀轨迹按理论刀尖轨迹运动。

（5）圆弧车刀刀沿位置的确定

数控车床采用刀尖圆弧补偿进行加工时，如果刀具的刀尖形状和切削时所处的位置（即刀沿位置）不同，那么刀具的补偿量与补偿方向也不同。根据各种刀尖

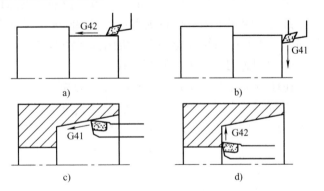

图 2.1-79　刀尖圆弧半径补偿偏置方向的判别

a)、d) 刀尖圆弧半径右补偿　b)、c) 刀尖圆弧半径左补偿

形状及刀尖位置的不同，数控车刀的刀沿位置共有9种，如图2.1-80所示。

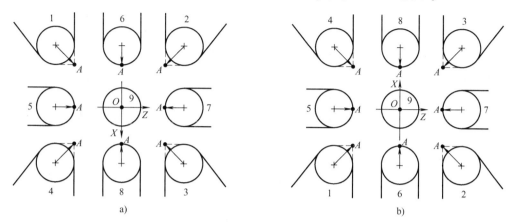

图 2.1-80 数控车刀的刀沿位置

a）前置刀架，+Y轴向内 b）后置刀架，+Y轴向外

除9号刀沿外，数控车床的对刀均是以假想刀位点来进行的。也就是说，在刀具偏移存储器中或G54坐标系设定的值，是通过假想刀尖点（图2.1-80中A点）进行对刀后，所得的机床坐标系中的绝对坐标值。

（6）刀尖圆弧半径补偿过程

刀尖圆弧半径补偿的过程分为3步：刀补的建立、刀补的进行和刀补的取消。其补偿过程通过图2.1-81（设外圆车刀的刀沿号为3号）和加工程序%1008共同说明。

图2.1-81所示补偿过程的加工程序如下：

【参考程序】

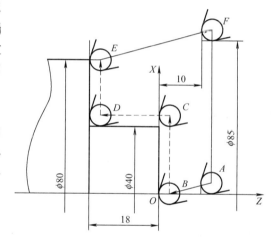

图 2.1-81 刀尖圆弧半径补偿过程

AB—刀补建立 BCDE—刀补进行 EF—刀补取消

程　序	注　释
O1008	程序名
% 1008	程序索引号
N10 G94 G40 G21;	程序初始化
N20 T0101;	调1号车刀，执行1号刀补
N30 M03 S1000;	丰轴正转，转速1000r/min
N40 G00 X0 Z10;	快速定位
N50 G42 G01 X0 Z0 F100;	刀补建立
N60 X40;	
N70 Z−18;	
N80 X80;	
N90 G40 G00 X85 Z10;	刀补取消
N100 M30	

① 刀补建立。刀补的建立指刀具从起点接近工件时，车刀圆弧刃的圆心从与编程轨迹重合过渡到与编程轨迹偏离一个偏置量的过程。该过程的实现必须与G00或G01功能在一

起才有效。

刀具补偿过程通过 N50 程序段建立。当执行 N50 程序段后，车刀圆弧刃的圆心坐标位置由以下方法确定：将包含 G42 语句的下边两个程序段（N60、N70）预读，连接在补偿平面内最近两移动语句的终点坐标（图 2.1-81 中的 BC 连线），其连线的垂直方向为偏置方向，根据 G41 或 G42 来确定偏向哪一边，偏置的大小由刀尖圆弧半径值决定。经补偿后，车刀圆弧刃的圆心位于图 2.1-81 中的 B 点处，其坐标值为 [0，（0 + 刀尖圆弧半径）]。

② 刀补进行。在 G41 或 G42 程序段后，程序进入补偿模式，此时车刀圆弧刃的圆心与编程轨迹始终相距一个偏置量，直到刀补取消。

在该补偿模式下，机床同样要预读两段程序，找出当前程序段所示刀具轨迹与下一程序段偏置后的刀具轨迹交点，以确保机床把下一段工件轮廓向外补偿 1 个偏置量，如图 2.1-81 中的 C 点、D 点等。

③ 刀补取消。刀具离开工件，车刀圆弧刃的圆心轨迹过渡到与编程轨迹重合的过程称为刀补取消，如图 2.1-81 中的 EF 段（即 N90 程序段）。刀补的取消用 G40 来执行，需要特别注意的是，G40 必须与 G41 或 G42 成对使用。

（7）进行刀具半径补偿时的注意事项

刀具半径补偿模式的建立与取消，程序段只能在 G00 或 G01 移动指令模式下才有效。虽然现在有部分系统也支持 G02、G03 模式，但为防止出现差错，在半径补偿建立与取消程序段最好不使用 G02、G03 指令。

G41/G42 不带参数，其补偿号（代表所用刀具对应的刀尖半径补偿值）由 T 指令指定。该刀尖圆弧半径补偿号与刀具偏置补偿号对应。

采用切线切入方式或法线切入方式建立或取消刀补。对于不便于沿工件轮廓线方向切向或法向切入、切出时，可根据情况增加一个过渡圆弧的辅助程序段。

为了防止在刀具半径补偿建立与取消过程中刀具产生过切现象，在建立与取消补偿时，程序段的起始位置与终点位置最好与补偿方向在同一侧。

【项目实施】

1. 典型案例分析

【例 1-12】 对如图 2.1-82 所示轴类零件进行数控车削工艺分析。

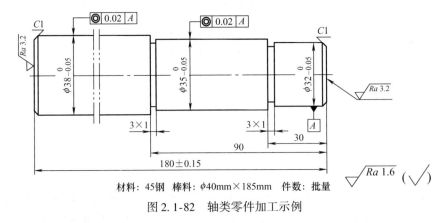

材料：45钢　棒料：φ40mm×185mm　件数：批量

图 2.1-82　轴类零件加工示例

（1）零件图工艺分析

图 2.1-82 所示的轴类零件结构较简单，主要由外圆柱面组成，每个表面的直径尺寸都有 0.05mm 的尺寸精度，端面表面粗糙度为 $Ra3.2\mu m$，其余表面粗糙度为 $Ra1.6\mu m$。零件图尺寸标注完整，符合数控加工尺寸标注要求，轮廓描述清楚完整。零件毛坯材料为 45 钢，切削加工性能较好，无热处理和硬度要求，右端面均为多个尺寸的设计基准；$\phi32_{-0.05}^{0}$、$\phi35_{-0.05}^{0}$、$\phi38_{-0.05}^{0}$ 3 个表面有同轴度要求，加工数量为批量生产。

通过上述分析，采取以下几点工艺措施。

① 零件图样上带公差的尺寸，由于公差带大小一致，编程时取公称尺寸、上极限偏差、下极限偏差都可以。因为后续加工时要通过调整刀具磨损补偿来获得零件的尺寸精度。

② 零件毛坯为棒料，粗加工余量较小。但为了简化程序的编制，粗车仍采用复合循环指令进行编程。

（2）确定装夹方案

选择夹具时根据数控车床的加工特点，协调夹具坐标系、机床坐标系与工件坐标系三者关系，此外还要考虑以下几点。

1）小批量加工零件，尽量采用组合夹具、可调式夹具以及其他通用夹具。

2）成批生产考虑采用专用夹具，力求装卸方便。

3）夹具的定位及夹紧机构的元件不能影响刀具的走刀运动。

4）装卸零件要方便、可靠，成批生产时可采用气动夹具、液压夹具和多工位夹具。

一般轴类零件可以选择双顶尖和鸡心夹配合来装夹工件，但考虑到是批量生产，同时尽量做到在一次装夹中能把零件上所有要加工表面都加工出来，所以选择两个外梅花顶尖进行装夹。在装夹之前应在工件两端面分别钻中心孔。

（3）确定加工顺序及走刀路线

加工顺序的确定按照由粗到精、由近到远的原则确定，在一次装夹中尽可能加工出较多的工件表面。结合本零件的结构特征，可先粗、精加工外轮廓表面，然后切削空刀槽，精加工外轮廓表面车削走刀路线可沿零件轮廓顺序进行。

加工顺序安排如下：

1）在普通车床上平端面、保总长、倒角、钻中心孔。

2）在数控车床上用两个外梅花顶尖装夹工件后，粗车外圆各表面。

3）精车外圆各表面。

4）车削空刀槽。

（4）刀具选择

数控刀具要求精度高、刚性好、装夹调整方便，切削性能强、耐用度高。合理选用既能提高加工效率，又能提高产品质量。为减少换刀时间和方便对刀，应尽可能多地采用机夹刀。

根据加工内容所需刀具，如图 2.1-83 所示。考虑该零件为批量生产，粗、精加工使用两把刀具；粗加工刀具圆弧半径为 0.8mm，精加工刀片圆弧半径为 0.4mm，同时为了增加刀具的刚性，刀片选刀尖角为 80° 的 C 型刀片；切槽刀刀宽为 4mm。

（5）切削用量选择

根据被加工表面质量要求、刀具材料、工件材料以及机床的刚性，参考切削用量手册或

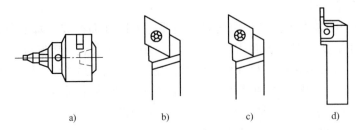

图 2.1-83　加工所需刀具

a) 中心钻　b) 90°外圆粗车刀　c) 90°外圆精车刀　d) 切槽刀

根据刀具厂商提供的参数选取主轴转速与进给量，见表 2.1-13。

切削深度的选择因粗、精加工而有所不同。粗加工时，在工艺系统刚性和机床功率允许的情况下，尽可能取较大的切削深度，以减少进给次数，考虑到该零件属于细长轴，a_p 取 1.5mm；每转进给速度要小于 0.5 倍的刀尖圆弧半径，取 0.3mm/r；精加工为保证零件表面粗糙度要求，每转进给取 0.1mm/r，切削深度一般取 0.5mm。

表 2.1-13　刀具与切削参数参考表

加工顺序号	刀 具			切削参数			精加工余量/mm
	刀具号	刀具名称	刀片材料	主轴转速/(r/min)	进给量/(mm/r)	切削深度/mm	
1	T01	中心钻	高速钢	1500	手工操作（普通车床）		
	T02	45°车刀	硬质合金	800	手工操作		
2	T03	外圆粗车刀	硬质合金	800	0.3	1.5	0.5 (X) 0.1 (Z)
3	T04	外圆精车刀	硬质合金	1000	0.1	0.5	
4	T05	切断刀	硬质合金	500	0.08	1	

2. 离合器分离臂轴的加工任务实施

（1）零件图工艺分析

图 2.1-37 所示离合器分离臂轴，由外圆柱面、外圆锥面组成，其中多个表面在直径尺寸都有较高的尺寸精度，全部表面粗糙度为 $Ra1.6\mu m$。零件图尺寸标注完整，符合数控加工尺寸标注要求，轮廓描述清楚完整。零件毛坯材料为 $\phi20mm \times 102mm$ 的 45 钢，切削加工性能较好，无热处理和硬度要求，左、右两侧有多个尺寸的设计基准，加工数量为中批量生产。

通过上述分析，采取以下几点工艺措施。

① 零件图样上带公差的尺寸，由于公差带大小不一致，编程时取平均值。

② 零件毛坯为棒料，粗加工余量较小，零件的尺寸较多，所以，粗车采用复合循环指令进行编程，以简化程序编制。

③ 为了提高工件质量以及减小刀具费用，粗、精加工采用两把刀具。

（2）制订离合器分离臂轴的工艺方案

以典型案例为依据，小组成员共同参与，讨论分析离合器分离臂轴的加工工艺并制订工艺方案，根据讨论结果完成实习报告。

（3）零件的程序编制

【参考程序】

程 序	注 释
O1009	程序名
%1009	程序索引号
T0101	调1号外圆车刀,建立坐标系
S800 M03	主轴正转,转速800r/min
G00 X22 Z5	快速到循环点
G71 U1 R1 P1 Q2 X0.4 Z0.1 F120	粗车循环
G00 X80 Z80	回到换刀点
M05	主轴停转
M00	程序暂停
T0202	调2号外圆车刀,建立坐标系
S1200 M03	主轴正转,转速1200r/min
G00 X22 Z5	快速到循环点
N1 G00 X0 G42	精加工开始,建立刀具半径右补偿
G01 Z0 F100	
X15.9 C1	
Z-10	
X13.9 Z-11	
Z-14	
X19 C0.5	
Z-40	
X14 W-8	
W-4	
X16 W-1	
Z-59	
X14 Z-60	
Z-64	
X15	
N2 G01 X17 Z-65	
G00 X80 Z80 G40	回到换刀点,取消刀具补偿
M30	程序结束
O1010	程序名
%1010（掉头车削程序）	程序索引号
T0101	调1号外圆车刀,建立坐标系
S800 M03	主轴正转,转速为800r/min
G00 X22 Z5	快速到达循环点
G71 U1 R1 P1 Q2 X0.4 Z0.1 F120	粗车循环
G00 X80 Z80	回到换刀点
M05	主轴停转
M00	程序暂停
T0202	调2号外圆车刀,建立坐标系
S1200 M03	主轴正转,转速1200r/min
G00 X22 Z5	快速到循环点
N1 G00 X0 G42	精加工开始,建立刀具半径右补偿

```
G01 Z0 F100
X15.25 C1.5
Z－14
X14.8
Z－32
X16 C0.5
N2 Z－38
G00 X60
Z80 G40                                     回到换刀点，取消刀具补偿
M05                                          主轴停转
M30                                          程序结束
```

（4）技能训练

1）加工准备。

① 检测坯料尺寸。

② 装夹刀具与工件。

90°菱形外圆粗车刀按要求装于刀架的 T01 号刀位。90°菱形外圆精车刀按要求装于刀架的 T02 号刀位。毛坯伸出卡爪外长度 70mm。

③ 程序输入。

④ 程序模拟。

2）对刀。外圆粗车刀 T01 采用试切法 Z 向对刀时，以卡盘端面与工件回转中心线交点为工件坐标系原点。刀具安装后，先移动刀具手动切削工件右端面，再沿 X 向退刀，将右端面与加工原点距离 N 输入对刀界面刀偏表中相应刀号的"试切长度"位置，即完成这把刀具 Z 向对刀过程。

采用试切法 X 向对刀时，只需要把外圆粗车刀试切一段台阶，然后刀具沿 Z 向退刀后，停转主轴，测量工件试切直径，然后在对刀界面刀偏表中相应刀号的"试切直径"位置输入试切直径数值，即完成 X 向对刀。

外圆精车刀 T02 采用与外圆粗车刀加工完的端面和外圆接触的方法，把操作得到的数据输入到与 T02 对应的对刀界面刀偏表中。

3）零件的自动加工。将程序调到开始位置，首次加工选择单段运行模式，快速进给倍率调整为 25%，粗加工正常运行一个循环后，选择自动加工模式，调好进给倍率 100%，按数控车床循环启动按钮进行自动加工。

4）零件加工过程中尺寸控制。

① 对好刀后，按循环启动按钮执行零件粗加工。

② 粗加工完成后用千分尺测量外圆直径。

③ 零件尺寸精度的控制。零件的加工精度主要由数控车床本身的精度决定。此外，还可通过刀具补偿中的"刀具磨损"功能进行控制。

在对刀后，粗加工之前，在刀具磨损界面内输入相应数值（图 2.1-84），留加工余量，测量后，再通过精加工把余量去掉来保证零件的加工精度。

修改磨损（若实测尺寸比编程尺寸大 0.5mm，则 X 磨损参数设为－0.1；若实测尺寸比编程尺寸大 0.4mm，则 X 磨损参数设为 0；若实测尺寸比编程尺寸大 0.3mm，则 X 磨损参数设为 0.1），在修改磨损时考虑中间公差，中间公差一般取中值。

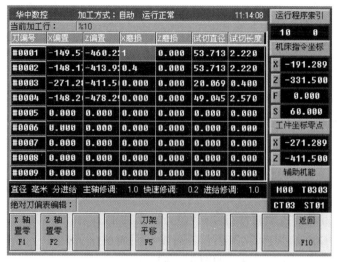

图 2.1-84　利用磨损留加工余量

④ 自动加工执行精加工程序段。

⑤ 测量（若测量尺寸仍大，继续修调）。

（5）零件检测与评分

加工完成后对零件进行尺寸检测，并把检测结果写在表 2.1-14 中。

（6）加工结束，清理机床

每天加工结束，整理工量具，清除机床切屑，做好机床的日常保养和实习车间的卫生，养成良好的文明生产习惯。

表 2.1-14　零件质量评分表

序　号	检查项目	配　分	评分标准	扣　分	得　分
1	$\phi 15.9 \pm 0.02$	15	每超差 0.01mm 扣 1 分		
2	$\phi 16 \pm 0.02$（2 处）	20	每超差 0.01mm 扣 1 分		
3	$\phi 14.9_{-0.2}^{0}$	10	每超差 0.01mm 扣 2 分		
4	$\phi 15.3_{-0.1}^{0}$	10	每超差 0.01mm 扣 2 分		
5	14 ± 0.1	5	每超差 0.01mm 扣 1 分		
6	$54_{-0.3}^{0}$	5	每超差 0.01mm 扣 1 分		
7	$86_{-0.1}^{0}$	7	每超差 0.01mm 扣 1 分		
8	倒角（8 处）	8	错漏一处扣 1 分		
9	$Ra1.6\mu m$	10	降级不得分		
10	安全文明生产	10	1. 遵守机床安全操作规程 2. 刀具、工具、量具放置规范 3. 进行设备保养，场地整洁		
11	工时定额（1.5h）	—	不允许超时（每超时 10min 扣 5 分）		—
	成　　绩				

【拓展知识】

1. 数控车床的基本编程指令

（1）圆弧插补指令 G02/G03

格式：

```
G02/G03  X(U)__  Z(W)__  I__  K__  F__
```

或

```
G02/G03  X(U)__  Z(W)__  R__  F__
```

说明：

G02/G03 指令刀具，按顺时针/逆时针进行圆弧加工。

圆弧插补 G02/G03 的判断，沿着不在圆弧平面内的坐标轴 Y，由正方向向负方向看，顺时针方向 G02，逆时针方向 G03，如图 2.1-85 所示。

G02：顺时针圆弧插补（图 2.1-85）。

G03：逆时针圆弧插补（图 2.1-85）。

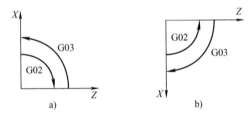

图 2.1-85　圆弧的顺逆方向与刀架位置的关系

a）刀架在外侧时 G02、G03 方向　b）刀架在内侧时 G02、G03 方向

X、Z：绝对编程时，圆弧终点在工件坐标系中的坐标。

U、W：增量编程时，圆弧终点相对于圆弧起点的位移量。

I、K：圆心相对于圆弧起点的增加量（等于圆心的坐标减去圆弧起点的坐标，如图 2.1-86 所示），在绝对、增量编程时都是以增量方式指定，在直径、半径编程时 I 都是半径值。

R：圆弧半径。

F：被编程的两个轴的合成进给速度。

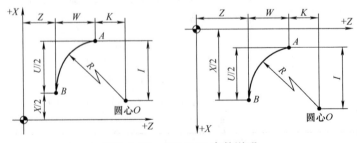

图 2.1-86　G02/G03 参数说明

【注意】

① 顺时针或逆时针是从垂直于圆弧所在平面的坐标轴的正方向看到的回转方向。

② **同时编入 R 与 I、K 时，R 有效。**

圆弧插补指令编程示例如图 2.1-87 所示。

（2）主轴恒线速切削指令

当零件直径尺寸变化较大且零件外形表面粗糙度要求较高时，如果采用恒转速将不能达到要求，可采用恒线速度切削指令。

1）恒线速控制。

格式：

G96　S ＿

S 后面的数字表示恒定的线速度，单位为 m／min。

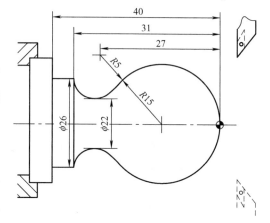

图 2.1-87　圆弧插补指令、恒线速度功能编程示例

例如：G96 S150 表示切削点线速度控制在 150m／min（主轴转速非恒定）。

2）主轴转速限定。

格式：

G46　X ＿　P ＿

例如：G46 X500 P2000 表示限制主轴最低转速为 500r／min，最高转速为 2000r／min。

3）恒线速取消（恒转速）。

格式：

G97　S ＿

S 后面的数字表示恒线速度控制取消后的主轴转速，单位为 r／min。如 S 未指定，将保留 G96 的最终值。

例如：G97 S1000 表示恒线速控制取消后主轴转速 1000r／min。

【例 1-13】　如图 2.1-87 所示，用圆弧插补指令和恒线速度功能编程。

【参考程序】

程　序	注　释
O1011	程序名
％ 1011	程序索引号
N1 T0101	调 1 号外圆车刀,建立坐标系
N2 M03 S800	主轴正转,转速 800r／min
N3 G46 X500 P2000	主轴最低转速为 500r／min,最高转速为 2000r／min
N4 G96 S80	恒线速度有效,线速度为 80m／min
N5 G00 X0 G42	刀到中心,转速升高,直到主轴到最大限速
N6 G01 Z0 F60	工进接触工件毛坯
N7 G03 U24 W－24 R15	加工 R15 圆弧段
N8 G02 X26 Z－31 R5	加工 R5 圆弧段
N9 G01 Z－40	加工 φ26 外圆
N10 X40 G40	回对刀点

```
N11 Z5
N12 G97 S300                    取消恒线速度功能,设定主轴按 300 r/min 旋转
N13 M30                         主轴停转、主程序结束并复位
```

（3）暂停指令 G04

格式：

```
G04   P __
```

说明：

P：暂停时间，单位为 s。

G04 在前一程序段的进给速度降到零之后才开始暂停动作。

在执行含 G04 指令的程序段时，先执行暂停功能。

G04 为非模态指令，仅在其被规定的程序段中有效。

G04 可使刀具做短暂停留，以获得圆整而光滑的表面。该指令除用于切槽、钻镗孔外，还可用于拐角轨迹控制。

2. 车槽（车断）的编程方法

（1）切槽刀具

切槽刀具主要有外切槽刀、内切槽刀和端面切槽刀具，如图 2.1-88 所示。

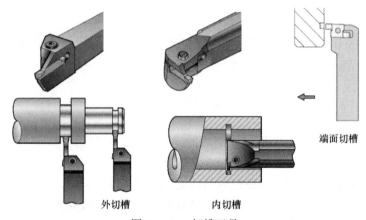

端面切槽

外切槽　　　　　　内切槽

图 2.1-88　切槽刀具

（2）车槽类零件的相关知识

在加工机械零件过程中，经常需要车断零件；在车削螺纹时为退刀方便，并使零件装配有一个正确的轴向位置，须开设退刀槽；在加工变径轴过程中也常用排刀切削等加工零件，这些都需要进行车槽或车断，所以说车槽或车断是机械加工过程中不可缺少的一个环节。

1）切槽（切断）刀。切槽刀是以横向进给为主，前端的切削刃为主切削刃，有两个刀尖，两侧为副切削刃，刀头窄而长，强度差。主切削刃太宽会引起振动，切断时浪费材料，太窄又削弱刀头的强度。

主切削刃可以用如下经验公式计算

$$a \approx (0.5 \sim 0.6)\sqrt{d}$$

式中　a——主切削刃的宽度（mm）；

　　　d——待加工零件表面直径（mm）。

刀头的长度可以用如下经验公式计算

$$L = h + (2 \sim 3)$$

式中　L——刀头长度（mm）；

　　　h——切入深度（mm）。

2）车槽工序安排。车槽一般安排在粗车和半精车之后，精车之前。若零件的刚性好或精度要求不高时也可在精车后再车槽。

（3）编程实例

【例1-14】　车削如图2.1-89所示单槽。

【参考程序】（外轮廓加工程序略）

程　　　序	注　　释
O1012	程序名
%1012	程序索引号
…	
T0202	调2号切槽刀,建立坐标系
S450 M03	主轴正转,转速450r/min
G00 X52 Z-10	快速到切槽下刀点
G01 X44 F40	切槽
G04 P2	暂停2s,光整加工
G00 X80	退刀
Z80	回到换刀点
M05	主轴停转
M30	程序结束并复位

【注意】在数控机床上车槽与普通机床所使用的刀具与方法基本相同。一次车槽的宽度取决于切槽刀的宽度，宽槽可以用多次排刀法切削，但在 Z 向退刀时移动距离应小于刀头的宽度，刀具从槽底退出时必须沿 X 轴完全退出，否则将发生碰撞。另外，槽的形状取决于切槽刀的形状。

【例1-15】　切断如图2.1-90所示切断件。

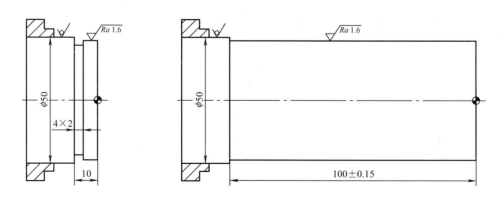

图2.1-89　单槽类零件　　　　　　　图2.1-90　切断件

【参考程序】

程 序	注 释
O1013	程序名
% 1013	程序索引号
T0101	调 1 号切槽刀,建立坐标系
G97 S400 M03	主轴正转,转速为 400r/min
G96 S80	恒线速度有效,线速度为 80m/min
G00 X54 Z−104	快速移动到切削起始点
G01 X−1 F40	进刀切削到过零线尺寸
G00 X80	
Z80	回到换刀点
M05	主轴停转
M30	程序结束并复位

【注意】

① 切断时,对于实心工件,工件半径应小于切槽刀头的长度;对于空心工件,工件的壁厚应小于切槽刀头的长度。在切断较大直径的工件时,不能将工件直接切断,应采取其他办法以防止事故发生。

② 车矩形外沟槽的车刀其主切削刃应安装于与车床主轴轴线平行并等高的位置上,过高、过低都不利于切断。

③ 切断过程出现切断平面呈凸、凹形等和因切槽刀主切削刃磨损而"扎刀"时,要注意调整车床主轴转速和加工程序中有关的进给速度数值。

④ 当主轴的径向圆跳动误差较大或槽既深又窄、切屑不易断时可采用反切法,其加工程序不变。

⑤ 切断时要注意安全,预防事故发生,并时刻观察机床的状态。

思维拓展:创意作品的设计与加工

1. 零件的工艺设计与编程

根据如图 2.1-91、图 2.1-92(两张图任选其一)所示给定的图样,小组成员共同参与,讨论设计零件的加工工艺并制订工艺方案,完成零件的编程,也可参考下列图样自行设计零件的形状和尺寸。

2. 零件的加工任务实施

(1) 加工准备

1) 检测坯料尺寸。

2) 装夹刀具与工件。

90°菱形外圆车刀按要求装于刀架的 T01 号刀位。

切槽刀按要求装于刀架的 T02 号刀位,切槽刀的安装和使用要求如下:

① 不易伸出过长,防止加工时因刚性不足而发生振动;同时要装正,保证两副偏角对称。

② 切槽刀主切削刃要平直,各角度要适当,刀具安装时切削刃与工件中心要等高,主切削刃要与轴心平行。

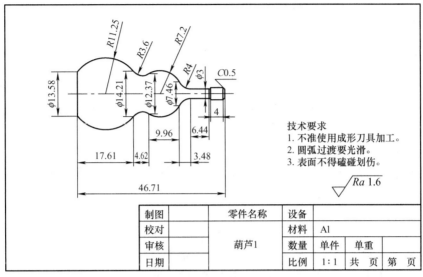

图 2.1-91 葫芦 1

技术要求
1. 不准使用成形刀具加工。
2. 圆弧过渡要光滑。
3. 表面不得磕碰划伤。

$\sqrt{Ra\,1.6}$

制图		零件名称	设备			
校对			材料	Al		
审核		葫芦1	数量	单件	单重	
日期			比例	1:1	共　页	第　页

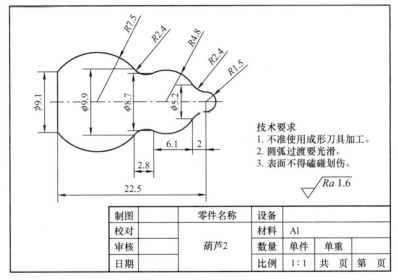

图 2.1-92 葫芦 2

技术要求
1. 不准使用成形刀具加工。
2. 圆弧过渡要光滑。
3. 表面不得磕碰划伤。

$\sqrt{Ra\,1.6}$

制图		零件名称	设备			
校对			材料	Al		
审核		葫芦2	数量	单件	单重	
日期			比例	1:1	共　页	第　页

③ 选择适当的切削用量，切削速度一般取外圆切削速度的 30% ~ 40% ，进给量一般为 0.05 ~ 0.3mm/r 。

④ 切槽时选用合适的切削液并充分冷却。

3）程序输入。

4）程序模拟。

（2）对刀

外圆车刀采用试切法 Z 向对刀时，以卡盘端面与工件回转中心线交点为工件坐标系原点。刀具安装后，先移动刀具手动切削工件右端面，再沿 X 向退刀，将右端面与加工原点距离 N 输入对刀界面刀偏表中相应刀号的"试切长度"位置，即完成这把刀具 Z 向对刀过程。

采用试切法 X 向对刀时，只需要把外圆车刀试切一段台阶，然后刀具沿 Z 向退刀后，停转主轴，测量工件试切直径，然后在对刀界面刀偏表中相应刀号的"试切直径"位置输入试切直径数值，即完成 X 向对刀。

（3）零件的自动加工

将程序调到开始位置，首次加工选择单段运行模式，快速进给倍率调整为 20%，粗加工正常运行一个循环后，选择自动加工模式，调好进给倍率 100%，按数控车床循环启动按钮进行自动加工。

3. 加工结束，清理机床

每天加工结束，整理工量具，清除机床切屑，做好机床的日常保养和实习车间的卫生，养成良好的文明生产习惯。

【自测题】

1. 选择题（请将正确答案的序号填写在题中的括号内）

（1）刀具半径补偿功能为模态指令，数控系统初始状态是（   ）。

（A）G41　　　　　（B）G42　　　　　（C）G40　　　　　（D）由操作者指定

（2）暂停指令 G04 用于中断进给，中断时间的长短可以通过地址（   ）来指定。

（A）T　　　　　　（B）P　　　　　　（C）O　　　　　　（D）V

（3）在同一程序段中，有关指令的使用方法，下列说法错误的选项是（   ）。

（A）同组 G 指令，全部有效　　　　　（B）同组 G 指令，只有一个有效

（C）非同组 G 指令，全部有效　　　　（D）两个以上 M 指令，只有一个有效

（4）刀具半径补偿的取消只能通过（   ）来实现。

（A）G01 和 G00　（B）G01 和 G02　（C）G01 和 G03　（D）G00 和 G02

（5）G00 指令与下列的（   ）指令不是同一组的。

（A）G01　　　　　（B）G02　　　　　（C）G03　　　　　（D）G04

（6）用于指令动作方式的准备功能的指令代码是（   ）。

（A）F 代码　　　　（B）G 代码　　　　（C）T 代码　　　　（D）M 代码

（7）沿第 3 轴正方向面对加工平面，按刀具前进方向确定工件在刀具的左边时应用（   ）补偿指令。

（A）G41　　　　　（B）G43　　　　　（C）G42　　　　　（D）G44

（8）程序中绝对编程是指坐标位置值（   ）。

（A）根据与前一个位置的坐标增量来表示位置的方法

（B）根据预先设定的编程原点计算坐标尺寸的方法

（C）根据机床原点计算坐标尺寸的方法

（D）根据机床参考点计算坐标尺寸的方法

（9）切削用量中（   ）对刀具磨损的影响最小。

（A）切削速度　　　（B）进给量　　　　（C）进给速度　　　（D）背吃刀量

（10）圆弧插补指令 G03 X_ Z_ R_ 中，X、Z 后的值表示圆弧的（   ）。

（A）起点坐标值　　　　　　　　　　　（B）终点坐标值

（C）圆心坐标相对于起点的值　　　　　（D）圆心坐标相对于终点的值

2. 判断题（请将判断结果填入括号中，正确的填"√"，错误的填"×"）

（　　）（1）车细长轴时可用中心架和跟刀架来增加工件的刚性。

（　　）（2）数控机床 Z 坐标轴规定为传递主切削动力的主轴轴线方向。

（　　）（3）数控车床在加工中为了实现对车刀刀尖磨损量的补偿，可沿假设的刀尖方向，在刀尖半径值上，附加一个刀具偏移量，这称为刀具位置补偿。

（　　）（4）在机床各坐标轴的终端设置有极限开关，由程序设置的极限称为软极限。

（　　）（5）高速钢是一种含合金元素较多的工具钢，由硬度和熔点很高的碳化物和金属粘结剂组成。

（　　）（6）任何一种系统的数控车床都具有主轴线速度功能。

（　　）（7）换刀点应设置在被加工零件的轮廓之外，并要求有一定的安全余量。

（　　）（8）数控车床与普通车床用的可转位车刀，一般有本质区别，其基本结构、功能特点都是不同的。

（　　）（9）G96 S150 表示切削点线速度控制在 150r/min。

（　　）（10）顺时针圆弧插补 G02 和逆时针圆弧插补 G03 的判别方向是：沿着不在圆弧平面内的坐标轴正方向向负方向看去，顺时针方向为 G02，逆时针方向为 G03。

3. 简答题

（1）简述使用 G96 指定主轴线速度时，为什么必须限定主轴的最高转速，举例说明设置的方法。

（2）数控车削加工顺序确定的一般原则是什么？

（3）数控刀具选择的一般原则是什么？

（4）数控车床常用的装夹方式有哪些？

（5）刀尖圆弧半径补偿偏置方向是如何判别的？

项目 2　螺纹轴零件的加工

子项目 2.1　简单螺纹轴零件的加工

知识目标:

1. 熟悉螺纹的种类及参数,螺纹参数的确定方法。
2. 了解车螺纹切削用量的选择。
3. 掌握螺纹加工指令的 G32、G82 的指令格式及应用。
4. 会编写外螺纹加工程序和外沟槽程序。

能力目标:

1. 能使用螺纹环规检测外螺纹尺寸。
2. 能应用磨损值控制外螺纹的尺寸精度。
3. 掌握外螺纹车刀和槽刀的对刀方法。
4. 通过简单螺纹轴的数控加工工艺设计与程序编制,具备编制车削圆弧面、螺纹、槽数控加工程序的能力。

【项目导入】

加工如图 2.2-1 所示的简单螺纹轴零件,工件毛坯尺寸 ϕ50mm×800mm 铝棒料,该零件的生产类型为单件生产,要求设计数控加工工艺方案,编制数控加工程序并完成零件的加工。

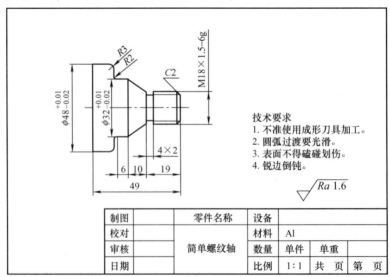

图 2.2-1　简单螺纹轴零件

【相关知识】

2.1.1 车削综合零件的相关知识

加工外形轮廓综合零件要比简单零件复杂得多，应根据零件的形状特点、技术要求、工件数量和安装方法来综合考虑。

1) 如果毛坯余量大又不均匀或要求精度较高时，应分粗车、半精车和精车等几个阶段。

2) 如果零件过长，要用顶尖装夹，在编程时应注意 Z 向退刀不要撞到尾座。

3) 对于复杂的零件要经过两次装夹，由于对刀及刀架刀位的限制，一般应把第一端粗车全部完成后再掉头。掉头装夹时注意应垫铜皮或做开缝轴套或软爪。

4) 车削时一般应先车端面，这样有利于确定长度方向的尺寸。车铸铁时应先车倒角，以免刀尖首先与外皮和砂型接触而产生磨损。

5) 若零件需要磨削则只做粗车和半精车。

6) 对于台阶轴的车削应先车直径较大的一端。

7) 车槽一般安排在精车后；车螺纹一般安排在最后车削。

2.1.2 螺纹车削相关知识

螺纹是机械零件上最常用的联接结构之一，它具有结构简单、拆装方便及联接可靠等优点，在机械制造业中广泛应用。

1. 螺纹分类及切削参数的计算

（1）螺纹的分类

1) 螺纹按断面形状一般可分为三角形、矩形、梯形、锯齿形和圆形螺纹，按螺距或直径大小可分为粗牙螺纹、细牙螺纹、超细牙螺纹、小螺纹，按不同单位可分为寸制螺纹和米制螺纹。

2) 普通螺纹的表示代号。普通螺纹分为粗牙普通螺纹和细牙普通螺纹，即当公称直径相同时，细牙螺纹的螺距较小，用字母"M"及公称直径×螺距表示，如 M20X1.5 - 6g：M20 表示螺纹的公称直径为 20mm，1.5 表示螺距为 1.5mm，6g 表示螺纹的中径公差为 6g，此螺纹为米制细牙螺纹。粗牙螺纹用字母"M"及公称直径表示，如 M20 等。

（2）切削参数的计算

1) 螺纹分层切削深度。螺纹切削加工属于成形切削，且切削进给量较大，刀尖小，刀具强度不住，需要分次进给加工，螺纹切削的进给次数与吃刀量可参照表 2.2-1。

2) 螺纹切削前直径和孔径的尺寸。高速切削螺纹时，由于工件材料受车刀挤压后会使外径胀大或使内孔直径缩小，因此计算内孔直径时必须考虑塑性变形的影响，除此之外还要考虑机床精度对加工尺寸的影响。

$$螺纹大径 = D_{公称直径} - 0.13P_{螺距}$$

$$螺纹中径 = D_{公称直径} - 0.65P_{螺距}$$

$$螺纹小径 = D_{公称直径} - 1.2P_{螺距}$$

$$螺纹内孔直径 = D_{公称直径} - P_{螺距(塑性金属)} = D_{公称直径} - 1.05P_{螺距(脆性金属)}$$

3）主轴转速的确定。

在切削螺纹时，车床的主轴转速将受到螺纹的螺距 P（或导程）大小、驱动电动机的升降频特性，以及螺纹插补运算速度等多种因素影响，不同的数控系统，推荐的主轴转速选择范围也不同。所以，编程时应按照数控车床操作说明书所规定的主轴转速车削螺纹，同时，在车削螺纹的过程中，尽量不要改变主轴转速，以防车出不完整螺纹。

表 2.2-1　常用螺纹切削的进给次数与吃刀量

米 制 螺 纹							
螺距	1	1.5	2	2.5	3	3.5	4
牙深（半径量）	0.649	0.974	1.299	1.624	1.949	2.273	2.598
切削次数及吃刀量（直径量） 1 次	0.7	0.8	0.9	1.0	1.2	1.5	1.5
2 次	0.4	0.6	0.6	0.7	0.7	0.7	0.8
3 次	0.2	0.4	0.6	0.6	0.6	0.6	0.6
4 次		0.16	0.4	0.4	0.4	0.6	0.6
5 次			0.1	0.4	0.4	0.4	0.4
6 次				0.15	0.4	0.4	0.4
7 次					0.2	0.2	0.4
8 次						0.15	0.3
9 次							0.2

寸 制 螺 纹							
牙/in	24	18	16	14	12	10	8
牙深（半径量）	0.678	0.904	1.016	1.162	1.355	1.626	2.033
切削次数及吃刀量（直径量） 1 次	0.8	0.8	0.8	0.8	0.9	1.0	1.2
2 次	0.4	0.6	0.6	0.6	0.6	0.7	0.7
3 次	0.16	0.3	0.5	0.5	0.6	0.6	0.6
4 次		0.11	0.14	0.3	0.4	0.4	0.5
5 次				0.13	0.21	0.4	0.5
6 次						0.16	0.4
7 次							0.17

2. 螺纹的车削方法

（1）螺纹车削进刀法

1）直进法。易获得较准确的牙型，但切削力较大，常用于螺距小于 3mm 的三角螺纹。

2）左右车削法。在每次往复行程后，除了做横向进刀外，还需要向左或向右微量进给。

3）斜进法。在每次往复行程后，除了做横向进刀以外，只在纵向的一个方向微量进给。

（2）车多线螺纹

沿两条或两条以上在轴向等距分布的螺旋线所形成的螺纹。

（3）螺纹车削控制过程

各种螺纹上的螺旋线是按车床主轴每转一转时，纵向进刀为一个螺距（或导程）的规律进行车削的。在数控车床上用车削法可以加工螺纹，由于车螺纹起始时有一个加速过程，停刀时有一个减速过程，在这段距离中，螺距不可能保持均匀，所以应注意在两端要设置足够的升速进刀段（空刀导入量 δ_1）和降速退刀段（空刀导出量 δ_2），如图 2.2-2 所示，以消除伺服滞后造成的螺距误差。根据经验可得

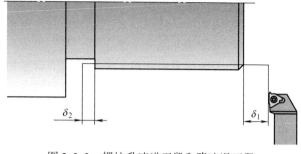

图 2.2-2　螺纹升速进刀段和降速退刀段

升速进刀段：$\delta_1 \geqslant 2 \times$ 导程

降速退刀段：$\delta_2 \geqslant (1 \sim 1.5) \times$ 导程

当退刀槽宽度小于上面计算时，δ_2 取 $1/2 \sim 2/3$ 槽宽；如果没有退刀槽，则不必考虑，可利用螺纹切削循环指令中的退尾功能。

（4）车螺纹的顺序安排

在数控设备上车螺纹一般安排在精车以后车削。

3. 螺纹车刀的相关知识

（1）三角螺纹车刀

三角螺纹车刀分为外螺纹车刀和内螺纹车刀，如图 2.2-3 所示。

（2）螺纹车刀的几何角度（图 2.2-4）

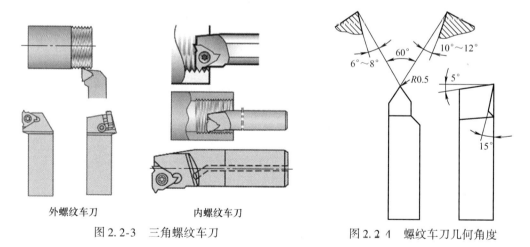

外螺纹车刀　　　内螺纹车刀

图 2.2-3　三角螺纹车刀

图 2.2-4　螺纹车刀几何角度

1）刀尖角应该等于牙型角。车普通螺纹时刀尖角为 60°，车寸制螺纹时刀尖角为 55°。

2）前角一般为 0°～15°。因为螺纹车刀的纵向前角对牙型角有很大影响，所以精车时对精度要求高的螺纹，径向前角取得小一些，约 0°～5°。

3）后角一般为 3°～5°。因受螺纹升角的影响，进刀方向一面的后角应磨得稍大一些。但大直径、小螺距的三角形螺纹，这种影响可忽略不计。

（3）三角螺纹车刀的刃磨

1）刃磨要求。对刃磨的要求如下：

① 刀尖角应等于牙型角。

② 螺纹车刀的两个切削刃必须刃磨平直，不允许出现崩刃。

③ 螺纹车刀的切削部分不能歪斜，刀尖角应对称。

④ 螺纹车刀的前刀面和两个主后刀面的表面粗糙度值要小。

⑤ 内螺纹车刀刀尖角的平分线必须与刀柄垂直。

⑥ 内螺纹车刀的后角应适当增大，通常磨成双重后角。

2）刃磨步骤。刃磨的步骤说明如下：

① 粗磨主、副后刀面（刀尖角初步形成）。

② 粗磨前刀面，初步形成前角。

③ 精磨前刀面，形成前角。

④ 精磨主副后刀面，用螺纹对刀样板控制刀尖角。

⑤ 修磨刀尖，刀尖倒棱宽度为 0.1P（P 为螺距）。

⑥ 用油石研磨切削刃处的前后刀面和刀尖圆弧，注意保持刃口锋利。

3）刀尖角度的检查与修正。

螺纹车刀的刀尖角一般用螺纹对刀样板通过透光法检查。根据车刀两切削刃与对刀样板的贴合情况反复修正。检查与修正时，对刀样板应与车刀基面平行放置，才能使刀尖角近似等于牙型角。如果将对刀样板平行于车刀前刀面进行检查，车刀的刀尖角则没有被修正，用这样的螺纹车刀加工出的三角螺纹，其牙型角将变大。

4）刃磨注意事项。

① 磨刀时，人的站立位置要正确，特别在刃磨整体式内螺纹车刀内测切削刃时，不小心就会使刀尖角磨歪。

② 刃磨高速钢车刀时，宜选用80#氧化铝砂轮，磨刀时压力应小于一般车刀，并及时蘸水冷却，以免过热而失去切削刃硬度。

③ 粗磨时也要用样板检查刀尖角，若磨有纵向前角的螺纹车刀，粗磨后的刀尖角略大于牙型角，待磨好前角后再修正刀尖角。

④ 刃磨螺纹车刀的切削刃时，要稍带移动，这样容易使切削刃平直。

⑤ 刃磨车刀时要注意安全。

4. 螺纹切削加工指令

（1）螺纹切削 G32

格式：

```
G32 X(U)__ Z(W)__ R__ E__ P__ F__
```

说明：

X、Z：绝对编程时，有效螺纹终点在工件坐标系中的坐标。

U、W：增量编程时，有效螺纹终点相对于螺纹切削起点的位移量。

F：螺纹导程，即主轴每转一转，刀具相对于工件的进给值。

R、E：螺纹切削的退尾量，R 表示 Z 向退尾量；E 为 X 向退尾量，R、E 在绝对或增量编程时都是以增量方式指定，其为正表示沿 Z、X 正向回退，为负表示沿 Z、X 负向回退。使用 R、E 可免去退刀槽。R、E 可以省略，省略时表示不用回退功能；根据螺纹标准 R 一般取 0.75 ~ 1.75 倍的螺距，E 取螺纹的牙型高。

P：主轴基准脉冲处距离螺纹切削起始点的主轴转角。

使用 G32 指令能加工圆柱螺纹、锥螺纹和端面螺纹。图 2.2-5 所示为锥螺纹切削时各参数的意义。

【注意】

① 从螺纹粗加工到精加工，主轴的转速必须保持一常数。

② 在没有停止主轴的情况下，停止螺纹的切削将非常危险。因此螺纹切削时进给保持功能无效，如果按下"进给保持"按键，刀具在加工完螺纹后停止运动。

③ 在螺纹加工中不使用恒定线速度控制功能。

④ 在螺纹加工轨迹中应设置足够的升速进刀段 δ_1 和降速退刀段 δ_2，以消除伺服滞后造成的螺距误差。

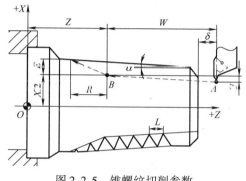

图 2.2-5　锥螺纹切削参数

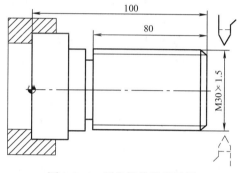

图 2.2-6　圆柱螺纹编程示例

【例 2-1】　对图 2.2-6 所示的圆柱螺纹编程。螺纹导程为 1.5mm，$\delta_1 = 1.5$mm，$\delta_2 = 1$mm，每次切削深度（直径值）分别为 0.8mm、0.6mm、0.4mm、0.16mm。

【参考程序】

程　序	注　释
O2001	程序名
% 2001	程序索引号
T0101	调 1 号螺纹车刀，建立坐标系
M03 S500	主轴正转，转速 500r/min
G00 X29.2 Z101.5	到螺纹起点，升速段 1.5mm，切削深度 0.8mm
G32 Z19 F1.5	切削螺纹到螺纹切削终点，降速段 1mm
C00 X10	X 轴方向快退
Z101.5	Z 轴方向快退到螺纹起点处
X28.6	X 轴方向快进到螺纹起点处，切削深度 0.6mm
G32 Z19 F1.5	切削螺纹到螺纹切削终点
G00 X40	X 轴方向快退
Z101.5	Z 轴方向快退到螺纹起点处
X28.2	X 轴方向快进到螺纹起点处，切削深度 0.4mm
G32 Z19 F1.5	切削螺纹到螺纹切削终点
G00 X40	X 轴方向快退
Z101.5	Z 轴方向快退到螺纹起点处
U-11.96	X 轴方向快进到螺纹起点处，切削深度 0.16mm

```
G32 W-82.5 F1.5              切削螺纹到螺纹切削终点
G00 X40                      X轴方向快退
X50 Z120                     回到换刀点
M05                          主轴停转
M30                          主程序结束并复位
```

（2）螺纹切削单一固定循环 G82

1）直螺纹切削循环。

格式：

```
G82 X(U)__ Z(W)__ R__ E__ C__ P__ F__
```

说明：

X、Z：绝对值编程时，螺纹终点 C 在工件坐标系下的坐标。

U、W：增量值编程时，螺纹终点 C 相对于循环起点 A 的有向距离。

R、E：螺纹切削的退尾量，R、E 均为向量，R 为 Z 向回退量，E 为 X 向回退量，R、E 可以省略，省略时表示不用回退功能。

C：螺纹线数，为 0 或 1 时切削单线螺纹。

P：单线螺纹切削时，为主轴基准脉冲处距离切削起始点的主轴转角（默认值为 0）；多线螺纹切削时，为相邻螺纹的切削起始点之间对应的主轴转角。

F：螺纹导程（单线为螺距，多线为导程）。

该指令执行如图 2.2-7 所示 A→B→C→D→A 的封闭轨迹。

【注意】螺纹切削循环同 G32 螺纹切削一样，在进给保持状态下，该循环在完成全部动作之后才停止运动。

2）锥螺纹切削循环。

格式：

```
G82 X(U)__ Z(W)__ R__ E__ I__ C__ P__ F__
```

说明：

X、Z：绝对值编程时，螺纹终点 C 在工件坐标系下的坐标。

U、W：增量值编程时，螺纹终点 C 相对于循环起点 A 的有向距离。

I：螺纹起点 B 与螺纹终点 C 的半径差。其符号为差值的符号（无论是绝对值编程还是增量值编程）。

该指令执行如图 2.2-8 所示 A→B→C→D→A 的轨迹动作。

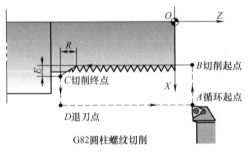

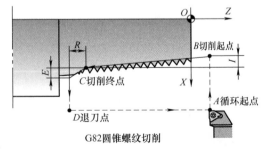

图 2.2-7 直螺纹切削循环示意图   图 2.2-8 锥螺纹切削循环示意图

【例2-2】　如图2.2-9所示，螺纹导程为1.5mm，用G82指令编程，毛坯外形已加工完成。

【参考程序】

程　　序	注　　释
O2002	程序名
% 2002	程序索引号
N1 T0101	调1号螺纹车刀,建立坐标系
N2 M03 S500	主轴正转,转速500r/min
N3 G00 X35 Z104	快速到循环点
N4 G82 X29.205 Z54 F1.5	螺纹切削
N5 X28.705 Z54 F1.5	
N6 X28.38 Z54 F1.5	
N7 28.38 Z54 F1.5	
N8 M30	主程序结束并复位

【例2-3】　如图2.2-10所示，用G82指令编程，毛坯外形已加工完成。

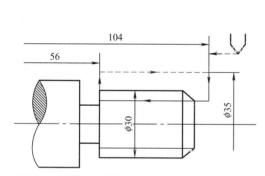

图2.2-9　螺纹切削单一固定循环 G82 示例一

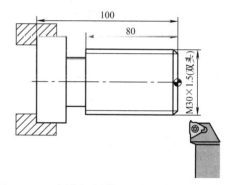

图2.2-10　螺纹切削单一固定循环 G82 示例二

【参考程序】

程　　序	注　　释
O2003	程序名
% 2003 (分角度法车螺纹)	程序索引号
N1 T0101	调1号螺纹车刀,建立坐标系
N2 M03 S500	主轴正转,转速500r/min
N3 G00 X35 Z5	螺纹起点
N4 G82 X29.2 Z-82 C2 P180 F3	第1次循环切螺纹,切削深度0.8mm
N5 X28.6 Z-82 C2 P180 F3	第2次循环切螺纹,切削深度0.6mm
N6 X28.2 Z-82 C2 P180 F3	第3次循环切螺纹,切削深度0.4mm
N7 X28.04 Z-82 C2 P180 F3	第4次循环切螺纹,切削深度0.16mm
N8 M30	主程序结束并复位

【项目实施】

1. 简单螺纹轴零件的工艺分析

（1）零件图工艺分析

图2.2-1所示零件由外圆柱面、外圆锥面、圆弧、外螺纹及槽等组成，其中两个表面在

直径尺寸有较高的尺寸精度，全部表面粗糙度为 $Ra1.6\mu m$。零件图尺寸标注完整，符合数控加工尺寸标注要求，轮廓描述清楚完整。零件毛坯材料为 $\phi50mm \times 800mm$ 的铝棒料，切削加工性能较好，无热处理和硬度要求，毛坯具有足够的夹持长度，加工数量为单件生产。

通过上述分析，采取以下几点工艺措施。

① 零件图样上带公差的尺寸，由于公差带大小一致，编程时取公称尺寸、上极限偏差、下极限偏差都可以。因为后续加工时要通过调整刀具磨损补偿来获得零件的尺寸精度。

② 零件毛坯为铝棒料，但粗加工余量较大。所以，粗车采用复合循环指令进行编程，以简化程序编制。

③ 为了提高工件质量以及减小刀具费用，粗、精加工采用两把刀具。

（2）确定装夹方案

本任务采用一次装夹工件，零件的装夹采用自定心卡盘夹持工件左端，棒料伸出卡爪外 60mm，完成零件右端面、$\phi32$ 和 $\phi48$ 外圆柱面、外圆锥面、圆弧、外螺纹、槽及 C2 倒角的粗、精加工，同时设置工件坐标原点（工件右端面与主轴中心线交点处）。

（3）确定加工顺序及走刀路线

该零件为单件生产，加工顺序的确定按先主后次、由粗到精、由近到远的加工原则确定加工路线，在一次装夹中尽可能加工出较多的工件表面。结合本零件的结构特征，采用固定循环指令 G71 对外轮廓进行粗加工，再精加工，然后车退刀槽，最后加工螺纹。精加工余量为 $X = 0.4mm$、$Z = 0.1mm$。

加工顺序安排如下：

1）在数控车床上用自定心卡盘夹持工件毛坯外圆，棒料伸出卡爪外 60mm，用 93° 外圆车刀手动平右端面。

2）粗车 C2 倒角、M18 外螺纹面、外圆锥面、$\phi32$ 和 $\phi48$ 外圆柱面、R2 和 R3 的圆弧，长度至 54mm。

3）精车上述轮廓。

4）切削退刀槽，槽底应有暂停光整指令。

5）用 60° 三角形螺纹车刀车削螺纹，螺纹车削指令用单一固定循环 G82 编写。

6）切断，保证总长。

（4）刀具选择

根据加工内容，所需刀具如图 2.2-11 所示。粗、精加工采用两把刀具，1 号为粗加工外圆车刀，选用 93° 菱形外圆车刀，刀具圆弧半径为 0.8mm，2 号为精加工外圆车刀，刀具圆弧半径为 0.4mm。3 号为切槽刀，刀宽为 4mm，4 号为三角形螺纹车刀。

（5）切削用量选择

根据被加工表面质量要求、刀具材料、工件材料以及机床的刚性，参考切削用量手册或根据刀具厂商提供的参数选取主轴转速与进给速度，见表 2.2-2。

切削深度的选择因粗、精加工而有所不同。粗加工时，在工艺系统刚性和机床功率允许的情况下，尽可能取较大的切削深度，以减少进给次数；精加工时，为保证零件表面粗糙度要求，切削深度一般取 0.1 ~ 0.4mm 较为合适。

在车削螺纹时，车床的主轴转速将受到螺纹的螺距 P（或导程）大小、驱动电动机的升降频特性，以及螺纹插补运算速度等多种因素影响，不同的数控系统，推荐的主轴转速选

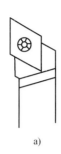 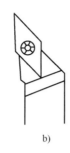  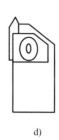

a)   b)   c)   d)

图 2.2-11 加工所需刀具

a) 93°外圆粗车刀   b) 93°外圆精车刀   c) 切槽刀   d) 三角形螺纹车刀

择范围也不同。所以，编程时应按照数控车床操作说明书所规定的主轴转速车削螺纹，同时，在车削螺纹的过程中，尽量不要改变主轴转速，以防车出不完整螺纹。

表 2.2-2 刀具与切削参数参考表

加工顺序号	刀 具			切削参数			精加工余量/mm
	刀具号	刀具名称	刀片材料	主轴转速/(r/min)	进给速度/(mm/min)	切削深度/mm	
1	T01	外圆车刀	硬质合金	800	手工操作		
2	T01	外圆粗车刀	硬质合金	800	150	2	0.4 (X) 0.1 (Z)
3	T02	外圆精车刀	硬质合金	1000	100	0.4	
4	T03	切槽刀	硬质合金	500	30	2	
5	T04	三角形螺纹车刀	硬质合金	600			

2. 简单螺纹轴零件的加工任务实施

（1）零件的程序编制

【参考程序】

程 序	注 释
O2004	程序名
％2004	程序索引号
T0101	调 1 号外圆车刀,建立坐标系
S800 M03	主轴正转,转速 800r/min
G00 X50 Z5	快速到循环点
G71 U2 R1 P1 Q2 X0.4 Z0.1 F150	粗车循环
G00 X80 Z80	回到换刀点
M05	主轴停转
M00	程序暂停
T0202	调 2 号外圆车刀,建立坐标系
S1000 M03	主轴正转,转速 1000r/min
G00 X50 Z5	快速到循环点
N1 G00 X0 G42	精加工开始,建立刀具半径右补偿
G01 Z0 F100	
X17.805 C2	
Z-19	

```
X18
X32 Z-29
Z-37 R2
X42
G03 X48 Z-40 R3
N2 G01 Z-54                          精加工结束
G00 X80 Z80 G40                      取消刀具补偿
M05                                  主轴停转
M00                                  程序暂停
T0303                                调3号切槽刀,建立坐标系
M03 S500                             主轴正转,转速500r/min
G00 X20
Z-19                                 快速到切槽下刀点
G01 X14 F30                          切槽
G04 P2                               暂停2s,光整加工
G01 X20 F100                         刀具退离工件
G00 X80 Z80                          回到换刀点
M05                                  主轴停转
M00                                  程序暂停
T0404                                调4号螺纹车刀,建立坐标系
S600 M03                             主轴正转,转速600r/min
G00 X20 Z5                           快速到循环点
G82 X17.2 Z-17 F1.5                  第1次循环切螺纹,切削深度0.8mm
X16.6 Z-17 F1.5                      第2次循环切螺纹,切削深度0.6mm
X16.2 Z-17 F1.5                      第3次循环切螺纹,切削深度0.4mm
X16.04 Z-17 F1.5                     第4次循环切螺纹,切削深度0.16mm
G00 X80 Z80                          回到换刀点
M05                                  主轴停转
M30                                  程序结束
```

（2）技能训练

1）加工准备。

① 检测坯料尺寸。

② 装夹刀具与工件。

③ 程序输入。

④ 程序模拟。

2）车刀的安装注意事项。在安装车刀时，一定要注意以下几点。

① 车刀悬伸部分要尽量缩短。悬伸过长，车刀切削时刚性差，容易产生振动、弯曲甚至折断，影响加工质量。

② 车刀装夹应稳固，压紧螺钉应交替拧紧，但装夹车刀时不可使用加力杆。

③ 车刀刀尖一般应与工件旋转轴线等高，可根据尾座顶尖或工件轴心通过增减垫片厚度进行调整。否则，将使车刀工作时的前角和后角发生改变。车外圆时，如果车刀刀尖高于工件旋转轴线，则使前角增大，后角减小，从而加剧后刀面与工件之间的摩擦；如果车刀刀尖低于工件旋转轴线，则使后角增大，前角减小，从而使切削不顺利。在车削内孔时，其角度的变化情况正好与车外圆时相反。

④ 车刀刀杆中心线应与进给运动方向垂直，否则将使车刀工作时的主偏角和副偏角发生改变。主偏角减小，进给力增大；副偏角减小，加剧摩擦。

⑤ 刀柄下面的垫片应平整并与刀架对齐，一般不得超过2片。

⑥ 装夹好车刀后，应手动检查在工作行程中有无相互干涉或碰撞的可能。

这些要求对各种车刀的安装是通用的，但对不同的切削情况，又有其特殊的要求。

3）对刀。

① 外圆粗车刀采用试切法 Z 向对刀时，以卡盘端面与工件回转中心线交点为工件坐标系原点。刀具安装后，先移动刀具手动切削工件右端面，再沿 X 向退刀，将右端面与加工原点距离0输入与 T01 对应的对刀界面刀偏表中"试切长度"位置，即完成这把刀具 Z 向对刀过程。

采用试切法 X 向对刀时，只需要把外圆粗车刀试切一段台阶，然后刀具沿 Z 向退刀后，停转主轴，测量工件试切直径，然后在对刀界面刀偏表中相应刀号的"试切直径"位置输入试切直径数值，即完成 X 向对刀。

外圆精车刀采用与外圆粗车刀加工完的端面和外圆接触的方法，并把操作外圆粗车刀得到的数据输入到与 T02 对应的对刀界面刀偏表中。

② 切槽刀对刀。Z 向对刀时，切槽刀不能再切削端面，刀尖轻轻接触即可，输入值和外圆粗车刀一致，如图 2.2-12 所示。

X 向对刀时，切槽刀只需要轻轻接触外圆粗车刀车过的圆柱表面即可，如图 2.2-13 所示，同时把操作外圆粗车刀得到的数据输入到与 T03 对应的对刀界面刀偏表中。

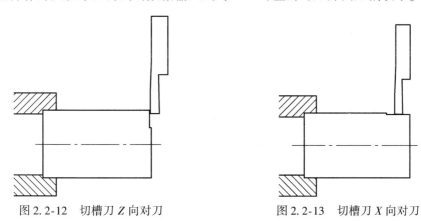

图 2.2-12　切槽刀 Z 向对刀　　　　　图 2.2-13　切槽刀 X 向对刀

③ 螺纹车刀的对刀。首先启动主轴，结合使用"手动"和"手摇"方式，移动刀架，使外螺纹车刀的刀尖和工件已加工的端面与外圆的交点处接触（Z 方向位置稍有偏差无妨，偏差控制在1个螺距范围内即可），如图 2.2-14a 所示。

然后将光标置于与刀号 T04 对应栏中"试切长度"数据框中，输入0，按下 ENTER 键，完成 Z 偏置设置，在"试切直径"数据框中输入操作外圆粗车刀时测量的直径值，按下 ENTER 键，完成 X 偏置设置，如图 2.2-14b 所示。

4）零件的自动加工。将程序调到开始位置，首次加工选择单段运行模式，快速进给倍率调整为25%，粗加工正常运行一个循环后，选择自动加工模式，调好进给倍率100%，按数控车床循环启动按钮进行自动加工。

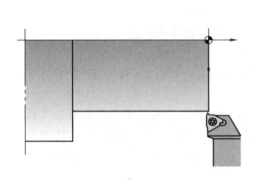
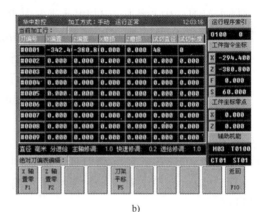

a)   b)

图 2.2-14　螺纹车刀的对刀

5）零件加工过程中尺寸控制。

①　对好刀后，按循环启动按钮执行零件粗加工。

②　粗加工完成后用千分尺测量外圆直径。

③　修改磨损（若实测尺寸比编程尺寸大 0.5mm，则 X 磨损参数设为 -0.1，若实测尺寸比编程尺寸大 0.4mm，则 X 磨损参数设为 0，若实测尺寸比编程尺寸大 0.3mm，则 X 磨损参数设为 0.1），在修改磨损时考虑中间公差，中间公差一般取中值。

④　自动加工执行精加工程序段。

⑤　测量（若测量尺寸仍大，继续修调）。

⑥　螺纹检测。对于一般标准外螺纹，都采用螺纹环规测量，如图 2-17 所示。在测量外螺纹时，如果螺纹环规"通过端"（T）正好旋进，而"止端"（Z）旋不进去，则说明所加工的螺纹符合要求，反之不合格。

（3）零件检测与评分

加工完成后对零件进行尺寸检测，并把检测结果写在表 2.2-3 中。

（4）加工结束，清理机床

每天加工结束，整理工量具，清除机床切屑，做好机床的日常保养和实习车间的卫生，养成良好的文明生产习惯。

表 2.2-3　零件质量评分表

序　号	检查项目	配　分	评分标准	扣　分	得　分
1	$\phi 32^{+0.01}_{-0.02}$	16	每超差 0.01mm 扣 2 分		
2	$\phi 48^{+0.01}_{-0.02}$	16	每超差 0.01mm 扣 2 分		
3	螺纹 M18×1.5-6g	18	超差不得分		
4	槽 4×2	6	超差不得分		
5	$R2$、$R3$	10	超差不得分		
6	倒角（2 处）	4	错漏一处扣 2 分		
7	$Ra1.6\mu m$	10	降级不得分		
8	自由公差	10	超差不得分		

（续）

序　号	检查项目	配　分	评分标准	扣　分	得　分
9	安全文明生产	10	1. 遵守机床安全操作规程 2. 刀具、工具、量具放置规范 3. 进行设备保养，场地整洁		
10	工时定额（1.5h）	—	不允许超时（每超时 10min 扣 5 分）		—
成　绩					

【拓展知识】

1. 切槽刀具的刃磨

① 首先精磨左副后刀面，连接刀尖与圆弧相切，刀体顺时针旋转 1°～2°，刀体水平旋转 1°～3°，刀尖微翘 3°左右，同时磨出副后角和副偏角。刀侧与砂轮的接触点应放在砂轮的边缘处。

② 精磨右侧副后角和副偏角，如图 2.2-15a 所示。

③ 修磨主后刀面和后角 6°～8°，如图 2.2-15b 所示。

④ 修磨前刀面和前角 5°～20°，如图 2.2-15c 所示。

⑤ 修磨刀尖圆弧，如图 2.2-15d 所示。

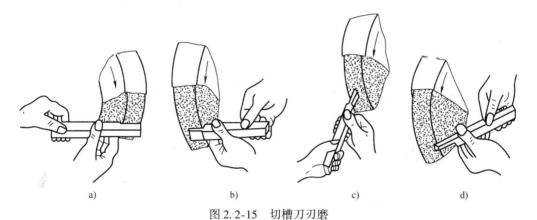

　　　a)　　　　　　　　b)　　　　　　　　c)　　　　　　　　d)

图 2.2-15　切槽刀刃磨

2. 螺纹质量分析

车螺纹产生质量问题的原因及解决方法见表 2.2-4。

表 2.2-4　车螺纹产生质量问题的原因及解决方法

常见质量问题	产生原因	解决方法
尺寸不正确	车外螺纹前的轴径不正确	正确车削外圆与内孔
	车内螺纹孔前的孔径不正确	
	车刀刀尖磨损	经常检查螺纹车刀并及时修磨
	螺纹车刀切削深度过大或过小	严格掌握螺纹加工时的切入深度

（续）

常见质量问题	产生原因	解决方法
牙型不正确	螺纹车刀安装不正确，产生牙型半角误差	使用螺纹样板对刀
	螺纹车刀刀尖刃磨不正确	正确刃磨和测量刀尖角
	螺纹车刀磨损	合理选择切削用量，并及时修磨车刀
螺纹表面粗糙度差	切削用量选择不当	高速钢车刀车削螺纹速度不能太大，且要加润滑液
	切屑流出方向不对	硬质合金车刀车削螺纹时，最后一刀的切削深度要大于0.1mm
	产生积屑瘤、拉毛螺纹侧面	切屑应垂直轴线方向排出
	刀杆刚性不够，产生振动	螺纹车刀刀杆伸出不能太长，提高刀杆刚性

3. 螺纹精度检验

普通螺纹测量有单项测量和综合测量两种方法。单项测量常用于测量螺纹中径、螺距和牙型半角等参数。

（1）单项测量

螺纹中径可选用螺纹千分尺（图2.2-16a）直接测量；也可以用三针（图2.2-16b）间接测量。

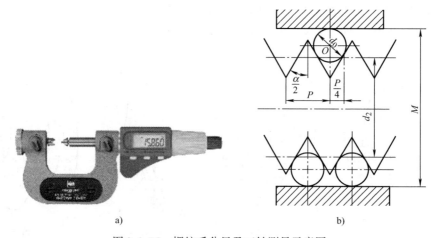

a)   b)

图2.2-16　螺纹千分尺及三针测量示意图

a）螺纹千分尺　b）三针测量法示意图

三针测量法是把3个具有相同直径的圆柱体（三针）放在螺纹牙槽中，然后根据精度要求用千分尺、比较仪或测长仪测出图中的 M 值，通过计算求得螺纹中径值。

（2）综合测量

综合测量是采用螺纹环规及塞规（图2.2-17）进行检验，这种检验方法只能判断螺纹是否合格，而不能给出具体的螺纹参数。

螺纹环规   螺纹塞规

图2.2-17　螺纹环规及塞规

【自测题】

1. 选择题 (请将正确答案的序号填写在题中的括号内)

(1) 螺纹的公称直径是指 (   )。

(A) 螺纹的小径   (B) 螺纹的中径   (C) 螺纹的大径   (D) 螺纹分度圆直径

(2) 螺纹加工时采用 (   )，因两侧切削刃同时切削，切削力较大。

(A) 直进法   (B) 斜进法   (C) 左右车削法   (D) 以上都不是

(3) 普通三角螺纹的牙型角为 (   )。

(A) 30°   (B) 40°   (C) 55°   (D) 60°

(4) 在华中世纪星 HNC – 21T 数控系统中用 G82 指定 (   )。

(A) 螺纹切削复合循环   (B) 螺纹切削单一固定循环

(C) 坐标系设定   (D) 单一固定循环轴向切削

(5) M24 粗牙螺纹的螺距是 (   ) mm。

(A) 1   (B) 2   (C) 3   (D) 4

(6) 螺纹指令编制时，F 参数是指 (   )。

(A) 进给速度   (B) 螺距   (C) 螺纹线数   (D) 不一定

(7) 梯形螺纹测量一般是用三针测量法测量螺纹的 (   )。

(A) 大径   (B) 小径   (C) 底径   (D) 中径

(8) 螺纹加工中加工精度主要由机床精度保证的几何参数为 (   )。

(A) 大径   (B) 中径   (C) 小径   (D) 导程

(9) M20 粗牙螺纹的小径应车至 (   ) mm。

(A) 16   (B) 16.75   (C) 17.29   (D) 20

(10) 传动螺纹一般都采用 (   )。

(A) 普通螺纹   (B) 管螺纹   (C) 梯形螺纹   (D) 矩形螺纹

2. 判断题 (请将判断结果填入括号中，正确的填 "√"，错误的填 "×")

(   ) (1) 螺纹指令 G32 X42 W – 40 F1.5 是以每分钟 1.5mm 的速度加工螺纹。

(   ) (2) 数控车床可以车削直线、斜线、圆弧、米制和寸制螺纹、圆柱管螺纹、圆锥螺纹，但是不能车削多线螺纹。

(   ) (3) 数控机床用恒线速度控制加工端面、锥度和圆弧时，必须限制主轴的最高转速。

(   ) (4) 车削右旋螺纹时主轴止转，车刀由右向左进给，车削左旋螺纹时应该使主轴倒转，车刀由右向左进给。

(   ) (5) 旧机床改造的数控车床，常采用普通螺纹丝杠作为传动副，其反向间隙需事先测量出来进行补偿。

(   ) (6) 车普通螺纹，车刀的刀尖角应等于 55°。

(   ) (7) 采用滚珠丝杠作为 X 轴和 Z 轴传动的数控车床机械间隙一般可忽略不计。

(   ) (8) 螺纹循环加工指令中的 F 代码代表螺纹的螺距 (   )。

(   ) (9) G82 指令适用于对直螺纹和锥螺纹进行循环切削，每指定一次，螺纹切削自动进行一次循环。

（　）（10）螺纹切削单一循环 G82 X ＿ Z ＿ R ＿ E ＿ I ＿ F ＿中的参数 I，其符号恒为正。

3. 编程题

编制如图 2.2-18 所示零件的数控加工程序，螺纹部分程序请用 G32、G82 这两种方式编程。（毛坯为 ϕ50 的棒料，材料为铝料）

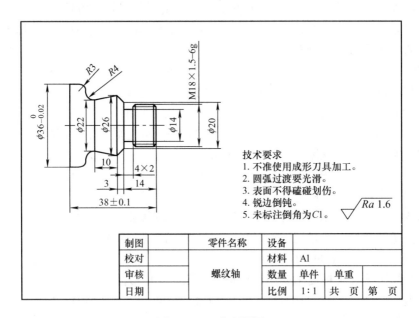

图 2.2-18　编程题图

子项目 2.2　典型螺纹轴的加工

知识目标：

1. 掌握华中数控系统螺纹复合车削循环指令 G76、内（外）径复合车削循环指令 G71（有凹槽）、端面复合车削循环指令 G72 的指令格式及各参数含义。

2. 掌握非对称公差的数学处理方法。

3. 掌握车螺纹的走刀路线设计及各主要尺寸的计算。

4. 能根据加工要求合理确定各参数值，正确运用 G76 指令编写零件螺纹加工程序。

能力目标：

1. 能够完成加工程序的检查和优化。

2. 能应用磨损值控制典型螺纹轴的尺寸精度。

3. 能正确分析零件表面质量，熟练应用相关量具测量、读数。

4. 能熟练完成外圆车刀和外螺纹车刀的对刀。

【项目导入】

加工如图 2.2-19 所示的典型螺纹轴零件,工件毛坯尺寸 ϕ50mm×800mm 铝棒料,该零件的生产类型为单件生产,要求设计数控加工工艺方案,编制数控加工程序并完成零件的加工。

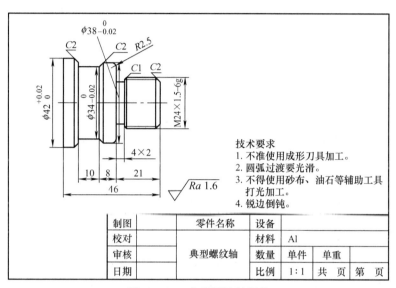

技术要求
1. 不准使用成形刀具加工。
2. 圆弧过渡要光滑。
3. 不得使用砂布、油石等辅助工具打光加工。
4. 锐边倒钝。

制图		零件名称		设备			
校对				材料	Al		
审核		典型螺纹轴		数量	单件	单重	
日期				比例	1:1	共　页	第　页

图 2.2-19　典型螺纹轴零件

【相关知识】

1. 螺纹复合车削循环指令 G76

格式:

G76 C(*c*) R(*r*) E(*e*) A(*a*) X(*x*) Z(*z*) I(*i*) K(*k*) U(*d*) V(Δdmin) Q(Δd) P(*p*) F(*L*)

说明:

螺纹复合车削循环指令 G76 执行如图 2.2-20 所示的加工轨迹,其单边切削及参数如图 2.2-21 所示。

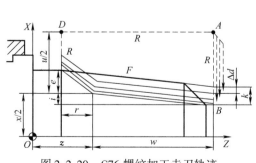

图 2.2-20　G76 螺纹加工走刀轨迹

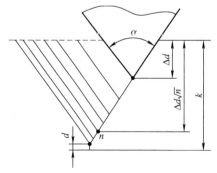

图 2.2-21　G76 螺纹单边切削轨迹及其参数

c：精整次数（1~99），为模态值。

r：螺纹 *Z* 向退尾长度（00~99），为模态值。

e：螺纹 *X* 向退尾长度（00~99），为模态值。

a：刀尖角度（两位数字），为模态值；在 80°、60°、55°、30°、29° 和 0° 这 6 个角度中选一个。

x、*z*：绝对值编程时，为有效螺纹终点 *C* 的坐标；增量值编程时，为有效螺纹终点 *C* 相对于循环起点 *A* 的有向距离（用 G91 指令定义为增量编程，使用后用 G90 定义为绝对编程）。

i：螺纹两端的半径差；如 *i* = 0，为直螺纹（圆柱螺纹）切削方式。

k：螺纹高度；该值由 *x* 轴方向上的半径值指定。

d：精加工余量（半径值）。

$\Delta d\min$：最小切削深度（半径值）；当第 *n* 次切削深度（$\Delta d \sqrt{n} - \Delta d \sqrt{n-1}$）小于 $\Delta d\min$ 时，则切削深度设定为 $\Delta d\min$。

Δd：第一次切削深度（半径值）。

p：主轴基准脉冲处距离切削起始点的主轴转角。

L：螺纹导程（单线螺纹为螺距）。

【注意】

按 **G76** 段中的 **X**(*x*) 和 **Z**(*z*) 指令实现循环加工，增量编程时，要注意 **u** 和 **w** 的正负号（由刀具轨迹 *AC* 和 *CD* 段的方向决定）。**G76** 循环进行单边切削，减小了刀尖的受力。第一次切削时切削深度为 Δd，第 *n* 次的切削总深度为 $\Delta d \sqrt{n}$，每次循环的背吃刀量为（$\Delta d \sqrt{n} - \Delta d \sqrt{n-1}$）。

2. 螺纹复合车削循环指令 G76 示例

（1）螺纹复合车削循环指令 G76 示例一

【例2-4】 用 G76 指令加工如图 2.2-22 所示的零件螺纹。

Z 向退尾量为：R = -1.5mm

X 向退尾量为：E = 1.2mm（大于牙型高即可）

【参考程序】

```
程  序                注  释
O2005                 程序名
% 2005                程序索引号
T0101                 调 1 号螺纹车刀,建立坐标系
M03 S500              主轴正转,转速 500r/min
G00 X50 Z4            快速到循环点
G76 C2 X[45-1.2*2] Z-30.5 A60 K[0.65*2] U0.1 V0.1 Q0.4 F2 R-1.5 E1.2
G00 X80 Z80           回到换刀点
M30                   程序结束
```

（2）螺纹复合车削循环指令 G76 示例二

【例2-5】 如图 2.2-23 所示，用 G76 指令对单线圆锥螺纹的加工进行编程。

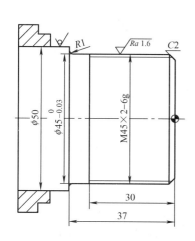

图 2.2-22　G76 指令加工示例一

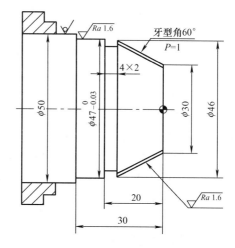

图 2.2-23　G76 指令加工示例二

计算 I 值。为计算方便，取螺纹升速段为 3mm，降速速段为 1mm，根据两个直角三角形相似，有 8/16 = I/(1 + 16 + 3)，即 I = 10mm，又因为 I = (X 起点 − X 终点)/2，所以，I = − 10mm。

车削螺纹时，在终点（Z = − 17mm）处，X 坐标值根据三角形比例关系计算得 X = (46 + 1)mm = 47mm；所以，螺纹大径 D' 应车到尺寸为 $D' = 47 − 1.2P = [47 − 1.2 * 1]$mm。

精整次数 C = 2，螺纹高度 K = [0.65 * 1]mm，精加工余量 U = 0.1mm、最小背吃刀量深度 V = 0.1mm，第一次背吃刀量深度 Q = 0.3mm。

【参考程序】

程　序	注　释
O2006	程序名
% 2006	程序索引号
…	
T0303	调 3 号螺纹车刀,确定坐标系
G97 S500 M03	主轴正转,转速 500r/min
G00 X50 Z3	快速到循环点
G76 C2 A60 X[47 − 1.2] Z − 17 I − 10 K[0.65* 1] U0.1 V0.1 Q0.3 F1	
G00　X80　Z80	
M30	程序结束

【项目实施】

1. 典型螺纹轴零件的工艺分析

（1）零件图工艺分析

图 2.2-19 所示零件由外圆柱面、圆弧、外螺纹及槽等组成，其中 3 个表面在直径尺寸有较高的尺寸精度，全部表面粗糙度为 $Ra1.6\mu m$。零件图尺寸标注完整，符合数控加工尺寸标注要求，轮廓描述清楚完整。零件毛坯材料为 $\phi 50mm \times 800mm$ 的铝棒料，切削加工性能较好，无热处理和硬度要求，毛坯具有足够的夹持长度，加工数量为单件生产。

通过上述分析，采取以下几点工艺措施。

① 零件图样上带公差的尺寸，由于公差带大小不一致，编程时取平均值。

② 零件毛坯为铝棒料，但粗加工余量较大。所以，粗车采用复合循环指令进行编程，以简化程序编制。

③ 为了提高加工效率以及减小刀具费用，粗、精加工采用一把刀具。

（2）确定装夹方案

本任务采用一次装夹工件，零件的装夹采用三爪自定心卡盘夹持工件左端，棒料伸出卡爪外 60mm，完成零件右端面、$\phi 34$、$\phi 38$ 和 $\phi 42$ 外圆柱面、圆弧 $R2.5$、外螺纹及 $C2$ 倒角的粗、精加工，同时设置工件坐标原点（工件右端面与主轴中心线交点处）。

（3）确定加工顺序及走刀路线

该零件为单件生产，加工顺序按先主后次、由粗到精、由近到远的加工原则确定，在一次装夹中尽可能加工出较多的工件表面。结合本零件的结构特征，采用固定循环指令 G71 对外轮廓进行粗加工，再进行精加工，最后用螺纹复合车削循环指令 G76 完成螺纹的加工。精加工余量为 $X=0.4mm$、$Z=0.1mm$。

加工顺序安排如下：

1）在数控车床上用自定心卡盘夹持工件毛坯外圆，棒料伸出卡爪外 60mm，用 90°外圆车刀手动平右端面。

2）粗车 $C2$ 倒角、M24 外螺纹面、$\phi 20$ 槽的外圆柱面、$R2.5$ 的圆弧、$\phi 38$、$\phi 34$ 和 $\phi 42$ 外圆柱面，长度至 51mm。

3）精车上述轮廓。

4）用 60°三角形螺纹车刀切削螺纹，螺纹车削指令用 G76 编写。

5）切断，保证总长。

（4）刀具选择

根据加工内容所需刀具如图 2.2-24 所示。考虑该零件为单件生产，粗、精加工可使用同一把刀具，外圆车刀选用 90°菱形外圆车刀，为了增加刀具的刚性，刀具副偏角可以取得小一些，刀具圆弧半径为 0.8mm，1 号为粗、精加工外圆车刀，2 号为三角形螺纹车刀，3 号为切槽刀，切槽刀刀宽为 4mm。

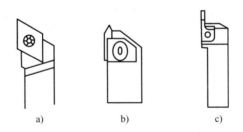

a)　　　　　　　b)　　　　　　　c)

图 2.2-24　加工所需刀具

a）90°外圆车刀　b）三角形螺纹车刀　c）切槽刀

（5）切削用量选择

根据被加工表面质量要求、刀具材料、工件材料以及机床的刚性，参考切削用量手册或根据刀具厂商提供的参数选取主轴转速与进给速度，见表 2.2-5。

切削深度的选择因粗、精加工而有所不同。粗加工时，在工艺系统刚性和机床功率允许的情况下，尽可能取较大的切削深度，以减少进给次数；精加工时，为保证零件表面粗糙度要求，切削深度一般取0.1~0.4mm较为合适。

在车削螺纹时，车床的主轴转速将受到螺纹的螺距 P（或导程）大小、驱动电动机的升降频特性，以及螺纹插补运算速度等多种因素影响，不同的数控系统，推荐的主轴转速选择范围也不同。所以，编程时应按照数控车床操作说明书所规定的主轴转速车削螺纹，同时，在车削螺纹的过程中，尽量不要改变主轴转速，以防车出不完整螺纹。

表 2. 2-5 刀具与切削参数参考表

加工顺序号	刀具			切削参数			精加工余量/mm
	刀具号	刀具名称	刀片材料	主轴转速/(r/min)	进给速度/(mm/min)	切削深度/mm	
1	T01	外圆粗车刀	硬质合金	800	手工操作		
2	T01	外圆粗车刀	硬质合金	800	150	2	0.4（X） 0.1（Z）
3	T01	外圆精车刀	硬质合金	1000	100	0.4	
4	T02	三角形螺纹车刀	硬质合金	600			
5	T03	切槽刀	硬质合金	500	30	50	

2. 典型螺纹轴零件的加工任务实施

（1）零件的程序编制

【参考程序】

程序	注释
O2007	程序名
%2007	程序索引号
T0101	调1号外圆车刀,建立坐标系
S800 M03	主轴正转,转速800r/min
G00 X50 Z5	快速到循环点
G71 U2 R1 P1 Q2 X0.4 Z0.1 F150	粗车循环
G00 X80 Z80	回到换刀点
M05	主轴停转
M00	程序暂停
T0101	重新调1号外圆车刀,建立坐标系
S1000 M03	主轴正转,转速1000r/min
G00 X50 Z5	快速到循环点
N1 G00 X0 G42	精加工开始,建立刀具半径右补偿
G01 Z0 F100	
X23.805 C2	
Z-15	
X20 Z-17	
Z-21	
X37.99 R2.5	
Z-27	
X33.99 Z-29	
Z-39	

```
X42.01 C2
N2 Z-51                                    精加工结束
G00 X80 Z80 G40                            取消刀具补偿
M05                                        主轴停转
M00                                        程序暂停
T0202                                      调2号螺纹车刀,建立坐标系
M03 S500                                   主轴正转,转速500r/min
G00 X30 Z5                                 快速到循环点
G76 C2 A60 X22.2 Z-18 U0.1 V0.1 Q0.4 F1.5 K0.974
G00 X80 Z80                                回到换刀点
T0303                                      调3号切槽刀,建立坐标系
M03 S500                                   主轴正转,转速500r/min
G00 X52
Z-50                                       快速到下刀点
G01 X0 F30                                 切断
G01 X52 F100                               刀具退离工件
G00 X80 Z80                                回到换刀点
M30                                        程序结束
```

（2）技能训练

1）加工准备。

① 检测坯料尺寸。

② 装夹刀具与工件。

外圆车刀按要求装于刀架的 T01 号刀位。三角形螺纹车刀按要求装于刀架的 T02 号刀位。切槽刀按要求装于刀架的 T03 号刀位。毛坯伸出卡爪外长度为 60mm。

③ 程序输入。

④ 程序模拟。

2）对刀。外圆车刀 T01 采用试切法 Z 向对刀时，以卡盘端面与工件回转中心线交点为工件坐标系原点。刀具安装后，先移动刀具手动切削工件右端面，再沿 X 向退刀，将右端面与加工原点距离 0.1 输入与 T01 对应的对刀界面刀偏表中"试切长度"位置。

外圆车刀 T01 采用试切法 X 向对刀时，只需要把外圆粗车刀试切一段台阶，然后刀具沿 Z 向退刀后，停转主轴，测量工件试切直径，然后在对刀界面刀偏表中相应刀号的"试切直径"位置输入试切直径数值。

螺纹车刀对刀，使外螺纹车刀的刀尖和工件已加工的端面与外圆的交点处接触，把 0.1 输入到与 T02 对应的对刀界面刀偏表中"试切长度"位置，在"试切直径"数据框中输入操作外圆车刀时测量的直径值。

切槽刀采用与外圆车刀加工完的端面和外圆接触的方法，并把操作外圆车刀得到的数据输入到与 T03 对应的对刀界面刀偏表中。

3）零件的自动加工。将程序调到开始位置，首次加工选择单段运行模式，快速进给倍率调整为 25%，粗加工正常运行一个循环后，选择自动加工模式，调好进给倍率 100%，按数控车床循环启动按钮进行自动加工。

4）零件加工过程中的尺寸控制。

① 对好刀后，按循环启动按钮执行零件粗加工。

② 粗加工完成后用千分尺测量外圆直径。

③ 修改磨损（若实测尺寸比编程尺寸大 0.5mm，则 X 磨损参数设为 -0.1，若实测尺寸比编程尺寸大 0.4mm，则 X 磨损参数设为 0，若实测尺寸比编程尺寸大 0.3mm，则 X 磨损参数设为 0.1），在修改磨损时考虑中间公差，中间公差一般取中值。

④ 自动加工执行精加工程序段。

⑤ 测量（若测量尺寸仍大，继续修调）。

⑥ 螺纹检测。若螺纹环规通过端 T 旋不进去，可修改磨损值，修改方法同外轮廓精度控制方法一样。

（3）零件检测与评分

加工完成后对零件进行尺寸检测，并把检测结果写在表 2.2-6 中。

表 2.2-6 零件质量评分表

序 号	检查项目	配 分	评分标准	扣 分	得 分
1	$\phi 34_{-0.02}^{0}$	14	每超差 0.01mm 扣 2 分		
2	$\phi 38_{-0.02}^{0}$	14	每超差 0.01mm 扣 2 分		
3	$\phi 42_{0}^{+0.02}$	14	每超差 0.01mm 扣 2 分		
4	螺纹 M24×1.5-6g	14	超差不得分		
5	$R2.5$	6	超差不得分		
6	倒角（4 处）	8	错漏一处扣 2 分		
7	$Ra1.6\mu m$	10	降级不得分		
8	自由公差	10	超差不得分		
9	安全文明生产	10	1. 遵守机床安全操作规程 2. 刀具、工具、量具放置规范 3. 进行设备保养，场地整洁		
10	工时定额（1.5h）	—	不允许超时（每超时 10min 扣 5 分）		—
成 绩					

（4）加工结束，清理机床

每天加工结束，整理工量具，清除机床切屑，做好机床的日常保养和实习车间的卫生，养成良好的文明生产习惯。

【拓展知识】

1. 端面复合车削循环指令 G72

格式：

```
G72 W(Δd) R(r) P(ns) Q(nf) X(Δx) Z(Δz) F(f) S(s) T(t)
```

说明：

Δd：切削深度（每次切削量），指定时不加符号，方向由矢量 AA' 决定。

r：每次退刀量。

n_s：精加工路径第一程序段（即图 2.2-25 中的 AA'）的顺序号。

n_f：精加工路径最后程序段（即图 2.2-25 中的 $B'B$）的顺序号。

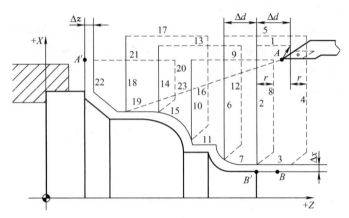

图 2.2-25　端面复合车削循环指令 G72 走刀路线图

Δx：X 方向精加工余量。

Δz：Z 方向精加工余量。

f、s、t：粗加工时，G71 中编程的 F、S、T 有效，而精加工时，处于 n_s 到 n_f 程序段之间的 F、S、T 有效。

该循环与 G71 的区别仅在于切削方向平行于 X 轴。该指令执行如图 2.2-25 所示的粗加工和精加工，其中精加工路径为 $A \rightarrow A' \rightarrow B' \rightarrow B$ 的轨迹，如图 2.2-26 所示。

G72 切削循环下，切削进给方向平行于 X 轴，X（ΔX）和 Z（ΔZ）的符号如图 2.2-26 所示。其中（＋）表示沿轴的正方向移动，（－）表示沿轴负方向移动。

【注意】

① **G72 指令必须带有 P、Q 地址，否则不能进行该循环加工。**

② **在 n_s 的程序段中应包含 G00/G01 指令，进行由 A 到 A' 的动作，且该程序段中不应编有 X 向移动指令。**

③ **在顺序号为 n_s 到顺序号为 n_f 的程序段中，可以有 G02/G03 指令，但不应包含子程序。**

【例 2-6】　用 G72 指令加工如图 2.2-27 所示零件，要求循环起始点在 $A(80, 1)$，切削深度为 1.2mm。退刀量为 1mm，X 方向精加工余量为 0.2mm，Z 方向精加工余量为 0.5mm，其中双点画线部分为工件毛坯。

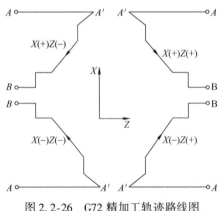

图 2.2-26　G72 精加工轨迹路线图

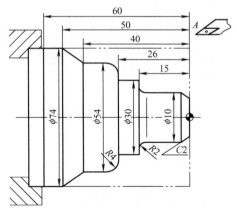

图 2.2-27　G72 编程示例

【参考程序】

程 序	注 释
O2008	程序名
％2008	程序索引号
N1 T0101	调1号外圆车刀,建立坐标系
N3 S800 M03	主轴正转,转速800r/min
N4 G00 X80 Z1	快速到循环点
/ G72 W1.2 R1 P8 Q17 X0.2 Z0.5 F100	端面粗切循环加工
N6 S1000 M03	主轴正转,转速1000r/min
N8 G00 Z-56 G41	精加工开始,到锥面延长线处
N9 G01 X54 Z-40 F80	精加工锥面
N10 Z-30	精加工φ54外圆
N11 G02 U-8 W4 R4	精加工R4圆弧
N12 G01 X30	精加工Z26处端面
N13 Z-15	精加工φ30外圆
N14 U-16	精加工Z15处端面
N15 G03 U-4 W2 R2	精加工R2圆弧
N16 G01 Z-2	精加工φ10外圆
N17 U-6 W3	精加工倒C2角,精加工结束
N19 G40 X100 Z80	取消半径补偿
N20 M30	主程序结束并复位

【注意】 考虑零件的加工精度,一般在粗加工之前设置 X 方向刀具磨耗量,精加工时利用程序跳段功能 "/" 完成精车加工。

2. 内(外)径复合车削循环指令 G71(有凹槽)

格式:

G71 U(Δd) R(r) P(n_s) Q(n_f) E(e) F(f) S(s) T(t)

说明:

该指令执行如图2.2-28所示的粗加工和精加工,其中精加工路径为 $A \to A' \to B' \to B$ 的轨迹。

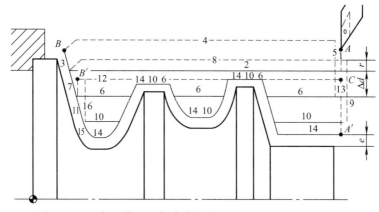

图2.2-28 内(外)径复合车削循环(有凹槽)走刀路线图

Δd:切削深度(每次切削量),指定时不加符号,方向为起刀点到精加工起始点 X 方向。

r:每次退刀量。

n_s：精加工路径第一程序段的顺序号。

n_f：精加工路径最后程序段的顺序号。

e：精加工余量，其为 X 方向的等高距离；外径切削时为正，内径切削时为负。

f、s、t：粗加工时，G71 中编程的 F、S、T 有效，而精加工时，处于 n_s 到 n_f 程序段之间的 F、S、T 有效。

【注意】

① G71 指令必须带有 P、Q 地址 n_s、n_f，且与精加工路径起、止顺序号对应，否则不能进行该循环加工。

② n_s 的程序段必须为 G00/G01 指令，即从 A 到 A' 的动作必须是直线或点定位运动。

③ 在顺序号为 n_s 到 n_f 的程序段中，不应包含子程序。

【例 2-7】 用有凹槽内外径复合车削循环指令 G71 编制如图 2.2-29 所示零件程序，图中双点画线为工件毛坯。

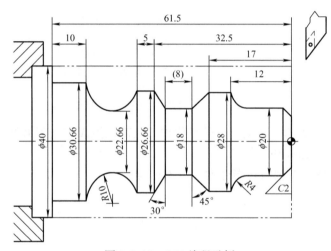

图 2.2-29 G71 编程示例

【参考程序】

程　序	注　释
O2009	程序名
％2009	程序索引号
T0101	调 1 号外圆车刀,建立坐标系
S900 M03	主轴正转,转速 900r/min
G00 X42 Z3	快速到循环点
/G71 U2 R1 P3 Q4 E0.2 F150	粗车循环,每次切削深度 2mm,退刀量 1mm
S1500 M03	主轴正转,转速 1500r/min
N3 G00 X10 G42	精加工开始,建立刀具半径右补偿
G01 X20 Z−2 F100	倒角 C2
Z−8	切削 φ20 外圆
G02 X28 Z−12 R4	切削 R4 圆弧
G01 Z−17	切削 φ28 外圆
X18 Z−22	切削下切锥
W−8	切削 φ18 外圆槽
X26.66 Z−32.5	切削上切锥

W-5	切削 ϕ26.66 外圆
G02 X30.66 Z-51.5 R10	切削 R10 圆弧
G01 Z-61.5	切削 ϕ30.66 外圆
N4 X40	精加工结束
G00 X80 Z80 G40	回到换刀点,取消刀具补偿
M30	程序结束

【自测题】

1. 选择题（请将正确答案的序号填写在题中的括号内）

（1）G76 指令中的 F 是指螺纹的（　　）。

（A）大径　　　　　（B）小径　　　　　（C）螺距　　　　　（D）导程

（2）下列（　　）指令不是螺纹加工指令。

（A）G76　　　　　（B）G32　　　　　（C）G82　　　　　（D）G81

（3）按经验公式 $n \leqslant 1800/P - K$ 计算，车削螺距为 3mm 的双线螺纹，转速应 $\leqslant$（　　）r/min。

（A）2000　　　　　（B）1000　　　　　（C）520　　　　　（D）220

（4）螺纹加工时应注意在两端设置足够的升速进刀段和降速退刀段，其数值可由（　　）和螺纹导程来确定。

（A）刀具　　　　　（B）吃刀量　　　　　（C）进给量　　　　　（D）主轴转速

（5）需要多次自动循环的螺纹加工，应选择（　　）指令。

（A）C32　　　　　（B）G76　　　　　（C）C82　　　　　（D）G81

（6）以机床原点为坐标原点，建立一个 Z 轴与 X 轴的直角坐标系，此坐标系称为（　　）坐标系。

（A）工件　　　　　（B）编程　　　　　（C）机床　　　　　（D）空间

（7）数控车床的准备功能 G 代码中，能使机床做某种运动的一组代码是（　　）。

（A）G00、G01、G03、G41、G42　　　　　（B）G00、G01、G03、G82、G81

（C）G00、G02、G03、G04、G92　　　　　（D）G01、G02、G03、G90、G91

（8）图样中螺纹的底径线用（　　）绘制。

（A）粗实线　　　　　（B）细点画线　　　　　（C）细实线　　　　　（D）虚线

（9）车削 M30 X2 的双线螺纹时，F 功能字应带入（　　）mm 加工。

（A）2　　　　　（B）4　　　　　（C）6　　　　　（D）8

（10）自动运行时，不执行段前带"/"的程序段需按下（　　）功能按键。

（A）空运行　　　　　（B）单段　　　　　（C）M01　　　　　（D）跳步

2. 判断题（请将判断结果填入括号中，正确的填"√"，错误的填"×"）

（　　）（1）刃磨车削右旋丝杠的螺纹车刀时，左侧工作后角应大于右侧工作后角。

（　　）（2）螺纹切削时，应尽量选择高的主轴转速，以提高螺纹的加工精度。

（　　）（3）用三针法可测小径尺寸。

（　　）（4）加工锥螺纹时，螺纹车刀的安装应使刀尖角的中分线垂直于工件轴线。

（　　）（5）螺纹精加工过程中需要进行刀尖圆弧半径补偿。

（　　）（6）在数控车床加工螺纹时，为了提高螺纹表面质量，最后精加工时应提高主轴转速。

（　　）（7）从螺纹的粗加工到精加工，主轴的转速必须保证恒定。

（　　）（8）螺纹加工时，为了减小切削阻力提高切削性能，刀具前角往往较大（10°）。此时，如用焊接螺纹车刀，磨制出60°刀尖角，精车出的螺纹牙型角等于60°。

（　　）（9）在同一次安装中，应先进行对工件精度影响较小的工序。

（　　）（10）精车时加工余量较小，为提高生产率，应选用较大的切削速度。

3. 简答题

（1）简述螺纹车削的进刀方法。

（2）简述三角螺纹车刀的刃磨步骤。

（3）简述螺纹精度检测方法。

（4）写出螺纹复合车削循环指令 G76 的编程格式并说出各参数的含义。

项目 3   内孔零件的加工

子项目 3.1   简单套类零件的加工

知识目标：

1. 掌握华中数控系统回参考点控制指令 G28、G29 的指令格式及各参数含义。
2. 掌握套类零件的走刀路线设计及编程方法。
3. 掌握套类零件的结构特点，准确设计套类零件的数控加工工艺方案。

能力目标：

1. 能合理选择内孔刀具，准确安装。
2. 掌握内孔车刀的对刀方法。
3. 能正确分析零件内表面质量，熟练应用相关量具测量、读数。
4. 能运用数控车床完成简单套类零件的加工，并掌握内孔尺寸精度的控制方法。

【项目导入】

加工如图 2.3-1 所示的简单套类零件，工件毛坯尺寸 $\phi50mm \times \phi20mm \times 45mm$ 铝管料，该零件的生产类型为单件生产，要求设计数控加工工艺方案，编制数控加工程序并完成零件的加工。

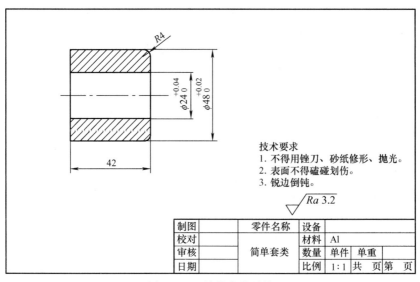

图 2.3-1   简单套类零件

【相关知识】

1. 内轮廓加工相关知识

（1）内轮廓加工工艺特点

1）零件的内轮廓一般都要求具有较高的尺寸精度、较小的表面粗糙度值和较高的几何精度。在车削安装套类零件时关键是要保证位置精度要求。

2）内成形面一般不会太复杂，加工工艺常采用钻→粗镗→精镗的加工方式，孔径较小时可采用手动方式或 MDI 方式进行钻—铰加工。

3）工件精度较高时，按粗、精加工交替进行内、外轮廓切削，以保证几何精度。

4）较窄内槽采用等宽内槽切刀一刀或两刀切出（槽深时中间退一刀以利于断屑和排屑），宽内槽多采用内槽刀多次切削成形后精镗一刀。

5）内轮廓加工刀具由于受到孔径和孔深的限制，刀杆细而长、刚性差，切削条件差。对于切削用量的选择，如进给量和切削深度（背吃刀量）的选择较切外轮廓时的稍小（是切削外轮廓时的30%～50%）。但因孔直径较外轮廓直径小，实际主轴转速可能会比切外轮廓时大。

6）内轮廓切削时切削液不易进入切削区域，切屑不易排出，切削温度可能会较高，镗深孔时可以采用工艺性退刀，以促进切屑排出。

7）内轮廓切削时切削区域不易观察，加工精度不易控制，大批量生产时测量次数需安排多一些。

8）中空工件的刚性一般较差，装夹时应选好定位基准，控制夹紧力大小，以防止工件变形，保证加工精度。

（2）编程特点

1）内轮廓加工时刀具回旋空间小，刀具进、退刀方向与车外轮廓时有较大区别，编程时进、退刀尺寸必要时需仔细计算。

2）切削内沟槽时，进刀采用从孔中心先进 $-Z$ 方向，后进 $-X$ 方向，退刀时先退少量 $-X$ 方向，后退 $+Z$ 方向。为防止干涉，退 $-X$ 方向时退刀尺寸必要时需计算。

3）大锥度锥孔和较深的弧形槽、球窝等加工余量较大的表面加工可采用固定循环编程或子程序编程，一般直孔和小锥度锥孔采用钻孔后两刀镗出即可。

4）确定换刀点时要考虑镗刀刀杆的方向和长度，以免换刀时刀具与工件、尾座（可能有钻头）发生干涉。

（3）内轮廓加工刀具的使用及分类

内轮廓加工刀具主要是内孔车刀，它可以作为粗加工刀具，也可以作为精加工刀具使用，精度一般可达 IT7～IT8，$Ra1.6～Ra3.2\mu m$，精车 Ra 可达 $0.8\mu m$ 或更小。内孔车刀分通孔刀和不通孔刀两种，通孔刀的几何形状基本上与外圆车刀相似，但为了防止后刀面与孔壁摩擦又不使后角磨得太大，一般磨成两个后角。不通孔刀是用来车不通孔或台阶孔的，刀尖在刀杆的最前端，并要求后角与通孔刀磨得一样。

除内孔车刀外，常用的内轮廓加工刀具还有内沟槽车刀、内螺纹车刀及麻花钻、扩孔钻、丝锥、铰刀等。

（4）选择镗孔（内孔）刀具的考虑要点

选择镗孔刀具，主要考虑的是刀杆的刚性，要尽可能地防止或消除振动。

1）尽可能选择大的刀杆直径，接近镗孔直径。

2）尽可能选择短的刀臂（工作长度），当工作长度小于4倍刀杆直径时可用钢制刀杆，加工要求高的孔时最好采用硬质合金制刀杆；当工作长度为4~7倍的刀杆直径时，小孔用硬质合金制刀杆，大孔用减振刀杆；当工作长度为7~10倍的刀杆直径时，要采用减振刀杆。

3）选择主偏角大于75°，接近90°。

4）选择无涂层的刀片品种（切削刃圆弧小）和小的刀尖半径（$Re = 0.2$）。

5）精加工采用正切削刃（正前角）刀片和刀具，粗加工采用负切削刃（负前角）刀片和刀具。

6）加工深的不通孔时，采用压缩空气（气冷）或切削液（排屑和冷却）。

7）选择正确、快速的装刀柄夹具。

2. 内孔加工相关知识

（1）数控加工方法的选择

1）选择数控加工方法的原则。确定加工方法的原则是保证加工表面的加工精度和表面粗糙度要求。由于获得同一级精度及表面粗糙度的加工方法有很多，因而在实际选择时，要根据零件的形状、尺寸、批量、毛坯材料及毛坯热处理等情况合理选用。此外，还应考虑生产率和经济性的要求以及工厂的生产设备等实际情况，常用经济的加工精度及表面粗糙度可查阅相关工艺手册。

2）孔加工方法的选择。在数控机床上，常用孔加工的方法包括钻孔、扩孔、铰孔和车孔等。通常情况下，在数控车床上能较方便地加工出IT7~IT9级精度的孔，对于这些孔的推荐加工方法见表2.3-1。

表 2.3-1　孔的加工方法

孔的精度	有无预孔	孔尺寸/mm				
		0~12	12~20	20~30	30~60	60~80
IT9~IT11	无	钻—铰	钻—扩		钻—扩（或粗车）—精车	
	有	粗扩—精扩或粗车—精车（余量少可一次性扩孔或车孔）				
IT8	无	钻—扩—铰	钻—扩—铰（或精车）		钻—粗车—半精车—精车	
	有	粗车—半精车—精车（或精铰）				
IT7	无	钻—粗铰—精铰	钻—扩—粗铰—精铰		钻—粗车—半精车—精车	
	有	粗车—半精车—精车				

注：1. 在加工直径小于30mm且没有顶孔的毛坯孔时，为了保证钻孔加工的定位精度，可选择在钻孔前先将孔口端面车平或采用打中心孔的加工方法。

2. 在加工螺纹孔时，先加工出螺纹底孔。对于直径较小的螺纹，通常采用攻螺纹的加工方法；而对于直径较大（M20以上）的螺纹，可采用螺纹车刀车削加工。

（2）镗刀的分类

镗刀按主偏角分为通孔镗刀和不通孔镗刀，如图2.3-2所示。

（3）镗孔切削用量的选择

1）切削深度（背吃刀量）的选用。

当孔的长径比≤2时，切削深度为加工外圆时的80%；当2<孔的长径比≤3时，切削

深度为加工外圆时的 65%；当 3 < 孔的长径比 ≤4 时，切削深度为加工外圆时的 50%；当 4 < 孔的长径比 ≤5 时，切削深度为加工外圆时的 30%。

2）进给量的选用。

当孔的长径比 ≤2 时，进给量为加工外圆时的 75%；当 2 < 孔的长径比 ≤3 时，进给量为加工外圆时的 60%；当 3 < 孔的长径比 ≤4 时，进给量为加工外圆时的 45%；当 4 < 孔的长径比 ≤5 时，进给量为加工外圆时的 30%。

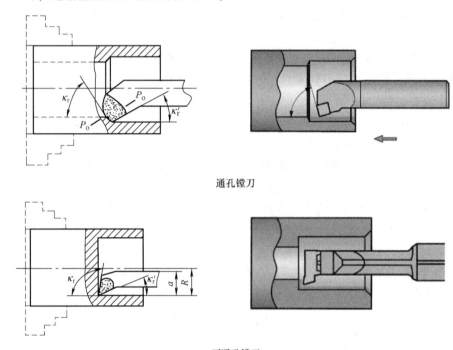

通孔镗刀

不通孔镗刀

图 2.3-2　镗刀分类

【项目实施】

1. 简单套类零件的工艺分析

（1）零件图工艺分析

图 2.3-1 所示零件结构较简单，主要由内外圆柱面、圆弧组成，零件尺寸精度要求较高，需要靠刀具磨损来控制尺寸精度，全部表面粗糙度为 $Ra3.2\mu m$，零件图尺寸标注完整，符合数控加工尺寸标注要求，轮廓描述清楚完整。零件毛坯材料为 $\phi50mm \times \phi20mm \times 45mm$ 的铝管料，无热处理和硬度要求，加工数量为单件生产。

通过上述分析，采取以下几点工艺措施。

① 零件图样上带公差的尺寸仅有一个，编程时取公称尺寸、上极限偏差、下极限偏差都可以。因为后续加工时要通过调整刀具磨损补偿来获得零件的尺寸精度。

② 零件毛坯为铝管料，粗加工余量较小，零件的结构形状较为简单，但为了简化程序的编制，提高加工效率，所以，粗车采用复合循环指令进行编程。

（2）确定装夹方案

本任务采用二次装夹工件，因为是单件生产，工件的装夹要尽量选用已有的通用夹具装夹，第一次装夹时，采用自定心卡盘夹持工件左端，棒料伸出卡爪外 27mm，完成零件右端面、ϕ48 外圆柱面、ϕ24 内圆柱面、R4 圆弧和 C0.5 倒角的粗、精加工，同时设置第 1 个工件坐标原点（工件右端面与主轴中心线交点处）。

第二次装夹时，用自定心卡盘夹住工件另一端，完成 ϕ48 外圆柱面和 C0.5 倒角的粗、精加工，同时设置第 2 个工件坐标原点（工件左端面与主轴中心线交点处）。

（3）确定加工顺序及走刀路线

加工顺序按由内到外、由粗到精、由近到远的原则确定。结合本零件的结构特征，可先加工外轮廓表面，然后再加工内孔表面。该零件为单件生产，走刀路线设计不必考虑最短进给路线或最短空行程路线。换刀点选择时，能满足刀具和工件不发生干涉即可。

加工顺序安排如下：

1）在数控车床上用自定心卡盘夹持工件毛坯外圆，棒料伸出卡爪外 27mm，用 93°外圆车刀手动平右端面。

2）粗车 R4 圆弧、ϕ48 外圆柱面，长度至 23mm。

3）精车上述轮廓。

4）用内孔车刀粗车 ϕ24 内圆柱面及 C0.5 倒角。

5）精车上述轮廓。

6）掉头装夹，用 93°外圆车刀手动平左端面，保证总长。

7）粗车 C0.5 倒角、ϕ48 外圆柱面，长度至 21mm。

8）精车上述轮廓。

9）用内孔车刀车削内孔倒角。

（4）刀具选择

根据加工内容所需刀具如图 2.3-3 所示。考虑该零件为单件生产，粗、精加工可使用一把刀具，1 号为粗、精加工外圆车刀，可选用 93°菱形外圆车刀，刀具圆弧半径为 0.8mm，完成外轮廓的粗车与精车。2 号为内孔车刀，可选用 93°机夹通孔车刀，完成内轮廓的粗车与精车。

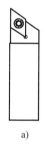 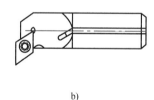

a)   b)

图 2.3-3 加工所需刀具

a）93°外圆车刀 b）内孔车刀

（5）切削用量选择

根据被加工表面质量要求、刀具材料、工件材料以及机床的刚性，参考切削用量手册或根据刀具厂商提供的参数选取主轴转速与进给速度，见表 2.3-2。

表 2.3-2 刀具与切削参数参考表

加工顺序号	刀 具			切削参数			精加工余量/mm
	刀具号	刀具名称	刀片材料	主轴转速/(r/min)	进给速度/(mm/min)	切削深度/mm	
1	T01	外圆粗车刀	硬质合金	800	120	1.5	0.4（X） 0.1（Z）
2	T01	外圆精车刀	硬质合金	1000	100	0.4	
3	T02	通孔粗车刀	硬质合金	800	120	1	0.4（X） 0.1（Z）

（续）

加工顺序号	刀 具			切削参数			精加工余量/mm
	刀具号	刀具名称	刀片材料	主轴转速/(r/min)	进给速度/(mm/min)	切削深度/mm	
4	T02	通孔精车刀	硬质合金	1000	100	0.4	
5	T01	外圆粗车刀	硬质合金	800	120	1.5	0.4 (X) 0.1 (Z)
6	T01	外圆精车刀	硬质合金	1000	100	0.4	
7	T02	通孔粗车刀	硬质合金	800	100		

　　切削深度的选择因粗、精加工而有所不同。粗加工时，在工艺系统刚性和机床功率允许的情况下，尽可能取较大的切削深度，以减少进给次数；精加工时，为保证零件表面粗糙度要求，切削深度一般取 0.1~0.4mm 较为合适。

2. 简单套类零件的加工任务实施

（1）零件的程序编制

【参考程序】

程　序	注　释
O3001	程序名
%3001	程序索引号
T0101	调 1 号外圆车刀,建立坐标系
S800 M03	主轴正转,转速 800r/min
G00 X52 Z5	快速到循环点
G71 U1.5 R1 P1 Q2 X0.4 Z0.1 F120	粗车循环
G00 X80 Z80	
M05	主轴停转
M00	程序暂停
T0101	调 1 号外圆车刀,建立坐标系
S1000 M03	主轴正转,转速 1000r/min
G00 X52 Z5	快速到循环点
N1 G00 X0 G42	精加工开始,建立刀具半径右补偿
G01 Z0 F100	
G01 X48 R4	
Z-23	
N2 X52	
G00 X80 Z80 G40	回到换刀点,取消刀具补偿
M05	主轴停转
M00	程序暂停
T0202	调 2 号内孔车刀,建立坐标系
S800 M03	主轴正转,转速 800r/min
G00 X18 Z5	快速到循环点
G71 U1 R0.5 P3 Q4 X-0.4 Z0.1 F120	粗车循环
G00 Z80	
X80	
M05	主轴停转
M00	程序暂停

```
T0202                                  调 2 号内孔车刀,建立坐标系
S1000 M03                              主轴正转,转速 1000r/min
G00 X18 Z5                             快速到循环点
N3 G00 X35 G41                         精加工开始,建立刀具半径右补偿
G01 X24 Z-0.5 F100
G01 Z-44
N4 X20
G00 Z80 G40                            取消刀具补偿
X50
M05                                    主轴停转
M30                                    程序暂停


O3002                                  程序名
% 3002(掉头车削程序)                    程序索引号
T0101                                  调 1 号外圆车刀,建立坐标系
S800 M03                               主轴正转,转速 800r/min
G00 X52 Z5                             快速到循环点
G71 U1.5 R1 P1 Q2 X0.4 Z0.1 F120       粗车循环
G00 X80 Z80
M05                                    主轴停转
M00                                    程序暂停
T0101                                  调 1 号外圆车刀,建立坐标系
S1000 M03                              主轴正转,转速 1000r/min
G00 X52 Z5                             快速到循环点
N1 G00 X0 G42                          精加工开始,建立刀具半径右补偿
G01 Z0 F100
G01 X48 C0.5
Z-21
N2 X52
G00 X80 Z80 G40                        回到换刀点,取消刀具补偿
M05                                    主轴停转
M00                                    程序暂停
T0202                                  调 2 号内孔车刀,建立坐标系
S800 M03                               主轴正转,转速 800r/min
G00 X35 Z5                             快速到循环点
G01 X24 Z-0.5 F100
X20
G00 Z80
X50
M05                                    主轴停转
M30                                    程序暂停
```

【注意】加工内孔时 **G71** 中 **X** 向的余量为负值。

(2) 技能训练

1) 加工准备。

① 检测坯料尺寸。

② 装夹刀具与工件。装刀一般原则是：功能相近的刀具就近安装，工序切换与更换刀

具应在较短的时间内完成。例如，对于车外轮廓，1 号刀位装外圆粗车刀，2 号刀位装外圆精车刀，3 号刀位装车槽（车断）刀，4 号刀位装螺纹车刀。对于车内腔零件，1 号刀位装粗内腔刀，2 号刀位装精内腔刀，3 号刀位装内切槽刀，4 号刀位装内螺纹车刀。

根据上述原则，外圆车刀按要求装于刀架的 T01 号刀位。内孔车刀按要求装于刀架的 T02 号刀位。毛坯伸出卡爪外长度为 27mm。

③ 程序输入。

④ 程序模拟。

2）镗刀安装注意事项。

① 刀杆伸出刀架处的长度应尽可能短，以增加刚性，避免因刀杆弯曲变形而使孔产生锥形误差。

② 刀尖应略高于工件回转中心，以减小振动和扎刀现象，防止镗刀下部碰坏孔壁，影响加工精度。

③ 刀杆要装正，不能歪斜，以防刀杆碰坏已加工表面。

3）对刀。

① 外圆车刀 T01 采用试切法 Z 向对刀时，先移动刀具手动切削工件右端面，再沿 X 向退刀，将右端面与加工原点距离 0 输入与 T01 对应的对刀界面刀偏表中"试切长度"位置。

外圆车刀 T01 采用试切法 X 向对刀时，只需要把外圆粗车刀试切一段台阶，刀具沿 Z 向退刀后，停转主轴，测量工件试切直径，然后在对刀界面刀偏表中相应刀号的"试切直径"位置输入试切直径数值。

② 内孔车刀 Z 向对刀采用与外圆车刀加工完的端面接触的方法，并把 0 输入到与 T02 对应的对刀界面刀偏表中。

内孔车刀 X 向对刀采用试切法，其对刀原理和外圆车刀对刀一样，只不过是在内圆柱面上切削一段台阶，输入的数值是试切的内孔直径值。

【注意】

采用试切法 X 向对刀时，只需要第 1 把轴类车削刀具（或孔类车削刀具）试切一段台阶，而后的轴类（或孔类）车削刀具只需要轻轻接触第 1 把刀具车过的圆柱表面即可。

采用试切法 Z 向对刀时，只能用 1 把刀具（轴类刀具或孔类刀具）试切端面，而后其他刀具不能再切削端面，因为如果其他刀具再切削端面就会破坏基准面（导致每把刀 Z 向零点不一致）。

4）零件的自动加工。将程序调到开始位置，首次加工选择单段运行模式，快速进给倍率调整为 25%，粗加工正常运行一个循环后，选择自动加工模式，调好进给倍率 100%，按数控车床循环启动按钮进行自动加工。

5）零件加工过程中尺寸控制。

① 外圆尺寸控制方法略。

② 对好刀后，按循环启动按钮执行零件粗加工。

③ 内孔粗加工完成后，用内径百分表测量内孔尺寸。

④ 修改磨损（若实测尺寸比编程尺寸小 0.5mm，则 X 磨损参数设为 +0.1，若实测尺寸比编程尺寸小 0.4mm，则 X 磨损参数设为 0，若实测尺寸比编程尺寸小 0.3mm，则 X 磨损参数设为 −0.1），在修改磨损时考虑中间公差，中间公差一般取中值。

⑤ 自动加工执行精加工程序段。

⑥ 测量（若测量尺寸内孔仍小，继续修调）。

（3）零件检测与评分

加工完成后对零件进行尺寸检测，并把检测结果写在表 2.3-3 中。

表 2.3-3 零件质量评分表

序 号	检查项目	配 分	评分标准	扣 分	得 分
1	$\phi 24^{+0.04}_{0}$	20	每超差 0.01mm 扣 2 分		
2	$\phi 48^{+0.02}_{0}$	20	每超差 0.01mm 扣 2 分		
3	$R4$	10	按过渡光滑程度给分		
4	$Ra3.2\mu m$	10	降级不得分		
5	自由公差	13	超差不得分		
6	倒角（3 处）	12	错漏一处扣 4 分		
7	安全文明生产	15	1. 遵守机床安全操作规程 2. 刀具、工具、量具放置规范 3. 进行设备保养，场地整洁		
8	工时定额（1.5h）	—	不允许超时（每超时 10min 扣 5 分）		
成 绩					

（4）加工结束，清理机床

每天加工结束后，整理工量具，清除机床切屑，做好机床的日常保养和实习车间的卫生，养成良好的文明生产习惯。

【拓展知识】

1. 内孔的测量

对于孔的直径测量，有直接测量、间接测量和综合测量等测量方法。

1）直接测量。利用两点或三点定位，直接测量出孔径的方法，也是最常用的孔径测量方法。根据被测孔径的精度等级、尺寸和数量，可以采用能测量孔长度的测量工具，如游标卡尺；也可以采用专用的孔径测量工具，如图 2.3-4 所示内径千分尺、内径百分表和千分表、光滑极限塞规等。

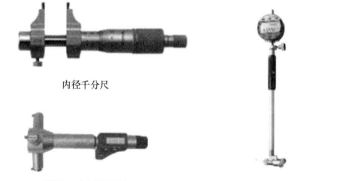

内径千分尺

数显三爪孔径测量仪

内径百（千）分表

光滑极限塞规

图 2.3-4 孔径测量工具

2）间接测量。先测量与孔径有关的尺寸，再换算出孔径尺寸。

3）综合测量。主要是利用光滑极限塞规以通止法检验零件是否合格，多用于批量件生产中。

2. 回参考点控制指令

（1）自动返回参考点 G28

格式：

G28 X(U)_ Z(W)_

说明：

X、Z：绝对编程时，中间点在工件坐标系中的坐标。

U、W：增量编程时，中间点相对于起点的位移量。

G28 指令首先使所有的编程轴都快速定位到中间点，然后从中间点返回到参考点。

一般 G28 指令用于刀具自动更换或者消除机械误差，在执行该指令之前应取消刀尖半径补偿。在 G28 的程序段中不仅产生坐标轴移动指令，而且记忆了中间点坐标值，以供 G29 指令使用。G28 指令仅在它被规定的程序段中有效。

电源接通后，在没有手动返回参考点的状态下，执行 G28 指令时，从中间点自动返回参考点，与手动返回参考点相同。这时从中间点到参考点的方向就是机床参数"回参考点方向"设定的方向。

（2）自动从参考点返回 G29

格式：

G29 X(U)_ Z(W)_

说明：

X、Z：绝对编程时，定位终点在工件坐标系中的坐标。

U、W：增量编程时，定位终点相对于 G28 中间点的位移量。

G29 指令可使所有编程轴以快速进给经过由 G28 指令定义的中间点，再到达指定点。通常该指令紧跟在 G28 指令之后。G29 指令仅在其被规定的程序段中有效。

【**例 3-1**】 用 G28、G29 指令对图 2.3-5 所示的路径编程，要求由点 A 经过中间点 B 返回参考点，然后从参考点经由中间点 B 到达目标点 C。

【**参考程序**】

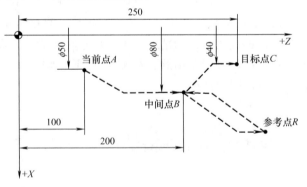

图 2.3-5 G28/G29 指令编程示例

程　序	注　释
O3003	程序名
% 3003	程序索引号
N1 G92 X50 Z100	设立坐标系,定义对刀点 A 的位置
N2 G28 X80 Z200	从 A 点到达 B 点再快速移动到参考点

N3 G29 X40 Z250　　　　　　　　　　　从参考点 R 经中间点 B 到达目标点 C
N4 G00 X50 Z100　　　　　　　　　　　回对刀点
N5 M30　　　　　　　　　　　　　　　主轴停转、主程序结束并复位

【自测题】

1. 选择题（请将正确答案的序号填写在题中的括号内）

（1）下列各组指令中，（　　）组全是非模态指令。

（A）G00 G02 G04　　　　　　　　　　（B）G01 G41 G28

（C）G28 G71 G04　　　　　　　　　　（D）G01 G02 G92

（2）刀具路径轨迹模拟时，必须在（　　）方式下进行。

（A）点动　　　　（B）快点　　　　（C）自动　　　　（D）手摇脉冲

（3）在自动加工过程中，出现紧急情况，可按（　　）键中断加工。

（A）复位　　　　（B）急停　　　　（C）进给保持　　　　（D）三者均可

（4）夹紧力的（　　）应与支撑点相对，并尽量作用在工件刚性较好的部位，以减小工件变形。

（A）大小　　　　（B）切点　　　　（C）作用点　　　　（D）方向

（5）为保持工作环境清洁有序，以下不正确的是（　　）。

（A）随时清除油污和积水　　　　　　　（B）整洁的工作环境可以振奋职工精神

（C）通道上少放物品　　　　　　　　　（D）毛坯、半成品按规定堆放整齐

（6）运行 G28 指令，机床将（　　）。

（A）返回参考点　　　（B）快速定位　　　（C）做直线加工　　　（D）坐标系偏移

（7）程序段号的作用之一是（　　）。

（A）解释指令的含义　　　　　　　　　（B）便于对指令进行校对、检索、修改

（C）确定坐标值　　　　　　　　　　　（D）确定刀具的补偿量

（8）在车削高精度的零件时，粗车后，在工件上的切削热达到（　　）后再进行精车。

（A）热平衡　　　　（B）热变形　　　　（C）热膨胀　　　　（D）热伸长

（9）外径千分尺在使用时操作正确的是（　　）。

（A）猛力转动测力装置　　　　　　　　（B）旋转微分筒使测量表面与工件接触

（C）退尺时要旋转测力装置　　　　　　（D）不允许测量带有毛刺的边缘表面

（10）程序段 G28 X29 Z30；表示（　　）。

（A）从当前点经（29,30）返回参考点　　（B）从当前点返回到（29,30）

（C）从（29,30）点返回参考点　　　　　（D）从参考点返回（29,30）点

2. 判断题（请将判断结果填入括号中，正确的填"√"，错误的填"×"）

（　　）（1）主轴控制按钮有主轴正转按钮和主轴反转按钮。

（　　）（2）经试加工验证的数控加工程序就能保证零件加工合格。

（　　）（3）使用回参考点控制指令 G29 或 G28 时，应取消刀具补偿功能，否则机床无法返回参考点。

（　　）（4）切断空心工件时，工件壁厚应小于切槽刀刀头长度。

（　　）（5）车削外圆柱面和车削套类工件时，它们的切削深度和进给量通常是相同的。

（　　）（6）使用 G71 粗加工时，在 $n_s \sim n_f$ 程序段中的 F、S、T 是有效的。

（　　）（7）同一零件，无论用数控机床加工还是用普通机床加工，其工序都一样。

（　　）（8）因为试切法的加工精度较高，所以主要用于大批、大量生产。

（　　）（9）G00 快速点定位指令控制刀具沿直线快速移动到目标位置。

（　　）（10）镗孔时为了排屑方便，即使不太深的孔，镗杆长度也应长些，直径应小些。

3. 简答题

（1）内轮廓加工工艺特点是什么？

（2）选择镗孔（内孔）刀具时需要注意的问题有哪些？

（3）数控车床装刀的一般原则是什么？

（4）刀具返回参考点的指令有几个？各自的作用是什么？

4. 编程题

编制如图 2.3-6 所示内套零件的数控加工程序，毛坯材料 $\phi50\text{mm} \times 800\text{mm}$ 铝棒料。

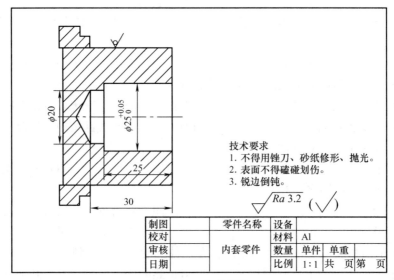

图 2.3-6　内套零件

子项目 3.2　三档主动齿轮坯的加工

知识目标：

1. 掌握华中数控系统闭环复合车削循环指令 G73 的编程方法。

2. 了解端面沟槽的种类及切削方法。

3. 了解麻花钻的几何角度及刃磨方法。

4. 准确运用 G80、G71 指令编写三档主动齿轮坯的加工程序。

能力目标：

1. 能熟练应用麻花钻钻孔。

2. 能根据所加工的零件正确地选择和使用常用工艺装备。

3. 能评价零件加工质量并对加工过程进行监控。

4. 能制订三档主动齿轮坯的加工工艺并实施。

5. 掌握内孔尺寸精度的控制方法。

【项目导入】

加工如图2.3-7所示三档主动齿轮坯，工件毛坯尺寸$\phi 60\,mm \times 48\,mm$，材料为45钢，该零件的生产类型为中批量生产，要求设计数控加工工艺方案，编制数控加工程序，并完成零件的加工。

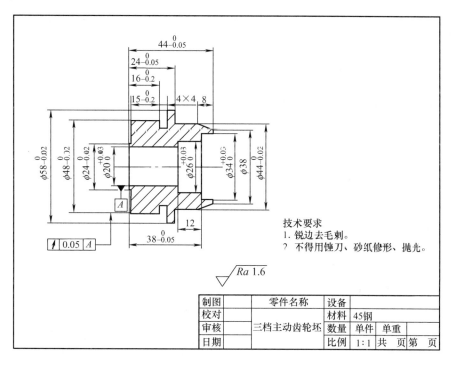

图2.3-7 三档主动齿轮坯

【相关知识】

1. 麻花钻的相关知识

麻花钻是通过其相对固定轴线的旋转切削以钻削工件圆孔的工具，因其容屑槽呈螺旋状并形似麻花而得名，如图2.3-8所示。螺旋槽有2槽、3槽或更多槽，但以2槽最为常见。钻头材料一般为高速钢或硬质合金。

（1）麻花钻切削部分的几何角度

麻花钻切削部分的几何角度如图2.3-9所示。

1）顶角。麻花钻的两切削刃之间的夹角叫顶角，角度一般为118°。钻软材料时可取小些，钻硬材料时可取大些。

2）横刃斜角。横刃与主切削刃之间的夹角叫横刃斜角，通常为55°。横刃斜角的大小

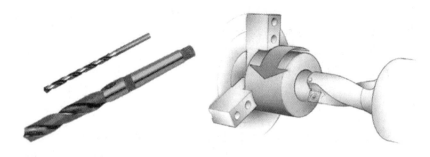

图 2.3-8 麻花钻

随刃磨后角的大小而变化。后角大，横刃斜角减小，横刃变长，钻削时轴向力增大；后角小则情况反之。

3）前角。一般为 $-30° \sim 30°$，外缘处最大，靠近钻头中心处变为负前角。麻花钻的螺旋角越大，前角也越大。

4）后角。麻花钻的后角也是变化的，外缘处最小，靠近钻头中心处的后角最大，一般为 $8° \sim 12°$。

（2）麻花钻刃磨方法和步骤

刃磨前，钻头切削刃应放在砂轮中心水平面上或稍高些。钻头中心线与砂轮外圆柱面母线在水平面内的夹角等于顶角的一半，同时钻尾向下倾斜。

钻头刃磨时用右手握住钻头前端作为支点，左手握钻尾，以钻头前端支点为圆心，钻尾做上下摆动，并略带旋转；但不能转动过多，或上下摆动太大，以防磨出负后角，或把另一面主切削刃磨掉，特别是在磨小麻花钻时更应注意。

当一个主切削刃磨削完毕后，把钻头转过 180°刃磨另一个主切削刃，人和手要保持原来的位置和姿势，这样容易达到两刃对称的目的。麻花钻刃磨如图 2.3-10 所示。

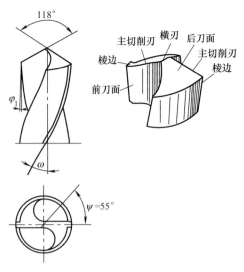

图 2.3-9 麻花钻切削部分几何角度

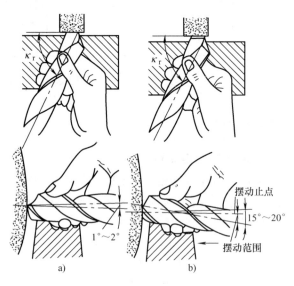

图 2.3-10 麻花钻刃磨
a）刃磨主切削刃 b）刃磨另一个主切削刃

（3）麻花钻的装夹

1）直柄钻头的装夹。安装时，用钻夹头夹住麻花钻直柄，然后将钻夹头的锥柄装入尾座筒内即可使用。卸钻头时动作相反。

2）角柄钻头的装夹。钻头的锥柄如果和尾座筒锥孔的规格相同，可直接将钻头插入尾座筒锥孔内进行钻孔；如果钻头的锥柄和尾座筒锥孔的规格不相同，可采用莫氏过渡锥插入尾座锥孔中。拆卸时，用斜铁插入腰形孔，敲击斜铁就可把钻头卸下来。

（4）钻孔方法

1）钻孔前，先将工件平面车平，中心处不允许留有凸台，以利于钻头正确定心。

2）找正尾座，使钻头中心对准工件回转中心，否则可能会将孔径钻大、钻偏甚至折断钻头。

3）用小麻花钻钻孔时，一般先用中心钻定心，再用钻头钻孔，这样加工的孔同轴度较好。

4）在实体材料上钻孔，孔径不大时可以用钻头一次钻出，若孔径较大（超过30mm）应分两次钻出，即先用小直径钻头钻出底孔，再用大直径钻头钻出所要求的尺寸。通常第1次所用的钻头，其直径为所要求孔径的0.5~0.7倍。

5）钻孔后需铰孔的工件，由于所留铰削余量较少，钻孔时当钻头钻进工件1~2mm后，应将钻头退出，停车检查孔径，防止因孔径扩大没有铰削余量而报废。

（5）钻孔注意事项

1）起钻时进给量要小，等钻头头部进入工件后可正常钻削。

2）当钻头要钻穿工件时，由于钻头横刃首先穿出，因此轴向阻力大减，这时进给速度必须减慢，否则钻头容易被工件卡死，损坏机床和钻头。

3）钻小孔或深孔时，由于切屑不易排出，必须经常退出钻头排屑，否则容易因切屑堵塞而使钻头"咬死"。

4）钻小孔转速应选得高一些，否则钻削时抗力大，容易产生孔位偏斜和钻头折断。

2. 槽的相关知识

（1）切槽的测量和质量分析

1）沟槽的测量。外沟槽的测量一般可采用游标卡尺和外径千分尺。

内沟槽槽宽的测量可选用数显宽度尺，内沟槽孔径的测量可选用内沟槽游标卡尺，如图2.3-11所示。

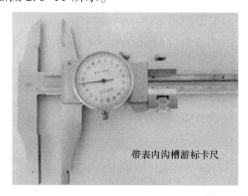
带表内沟槽游标卡尺

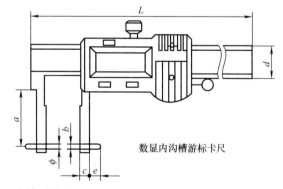
数显内沟槽游标卡尺

图2.3-11　沟槽测量工具

2）切槽质量分析及解决方法。切槽质量分析及解决方法见表2.3-4。

表2.3-4 切槽质量分析及解决方法

常见质量问题	产生原因	解决方法
切槽位置不对	切槽刀对刀不正确或测量不正确	正确对刀，仔细测量
表面粗糙度达不到要求	两副偏角太小，产生摩擦	正确刃磨两副偏角
	切削速度选择不当，没有加切削液	选择适当的切削速度，使用切削液
	切削时有振动	采取防振措施
	切屑拉毛已加工表面	控制切屑的形状和排出方向
主切削刃崩刃	振动造成崩刃	改善切削条件，消除振动
	排屑不畅，卡屑造成崩刃	根据工件材料合理刃磨断屑槽，配合相应进给量，使切屑连续排出，避免卡屑

（2）切槽时的注意事项

1）如切槽刀的主切削刃和轴线不平行，则车出的沟槽槽底一侧直径大，另一侧直径小，形成竹节。

2）要防止槽底与槽壁相交处出现圆角或槽底中间尺寸小，靠近槽壁两侧尺寸大。

3）槽壁与中心线垂直会出现内槽狭窄、外口大的喇叭形，造成这种现象的主要原因是：

① 切削刃磨钝让刀；

② 车刀刃磨角度不正确；

③ 车刀装夹不垂直。

4）槽壁与槽底产生小台阶主要是接刀不正确所造成的。

5）用接刀法车沟槽时，注意各条槽距。

6）要正确使用游标卡尺、样板、塞规测量沟槽。

7）合理选用转速和进给量。

8）正确使用切削液。

3. 内孔车削误差分析及预防方法

内孔车削误差分析及预防方法见表2.3-5。

表2.3-5 内孔车削误差分析及预防方法

误差表现	产生原因	预防方法
尺寸不对	测量不正确	仔细测量，测量前调整好量具精度，提高测量水平
	车刀安装不对，刀柄与孔壁相碰	选择合适的刀柄
	产生积屑瘤，增加刀片切削长度，使孔径变大	使用切削液，增大前角，选择合适的切削用量
	工件的热胀冷缩	最好工件冷却后再精车
	刀具磨损	提高刀具寿命，采用耐磨的硬质合金刀具

（续）

误差表现	产生原因	预防方法
内孔有锥度	刀柄刚性低，产生让刀现象	尽量采用大尺寸的刀柄，减小切削用量
	刀柄与孔壁相碰	正确安装车刀
	主轴轴线歪斜	检测机床精度，校正主轴轴线和床身导轨的平行度
	床身不水平，使床身导轨与主轴轴线不平行	校正机床水平
	床身导轨磨损，由于磨损不均匀，使走刀轨迹与工件轴线不平行	大修机床
内孔不圆	孔壁变薄，装夹时产生变形	选择合理装夹方法
	轴承间隙太大，主轴颈成椭圆	大修机床，并检查主轴的圆柱度
	工件加工余量和材料组织不均匀	增加半精车，把不均匀的余量车去
内孔不光洁	车刀磨损	重新刃磨刀具
	车刀刃磨不良，表面粗糙度值大	保证切削刃锋利，研磨车刀前、后刀面
	车刀几何角度不合理，装刀低于中心	合理选择刀具角度，精车装刀时可略高于工件中心
	切削用量选择不当	适当降低切削速度，减小进给量
	刀柄细长，产生振动	加粗刀柄和降低切削速度

【项目实施】

1. 典型案例分析

（1）套类零件加工示例一

【例3-2】　对如图2.3-12所示套类零件数控车削工艺进行分析。

1）零件图工艺分析。

图2.3-12所示零件表面由内外圆柱面、内圆锥面、圆弧及外螺纹等表面组成，其中多个表面在直径尺寸和轴向尺寸都有较高的尺寸精度，全部表面粗糙度为 $Ra1.6\mu m$。零件图尺寸标注完整，符合数控加工尺寸标注要求，轮廓描述清楚完整。零件毛坯材料为45钢管料，切削加工性能较好，无热处理和硬度要求，左、右端面均为多个尺寸的设计基准，$\phi32_{\ 0}^{+0.03}$、$\phi48_{-0.03}^{\ 0}$、$\phi52_{-0.03}^{\ 0}$ 3个表面有同轴度要求，加工数量为批量生产，最小内圆弧半径为 $R0.5$。

通过上述分析，采取以下几点工艺措施。

① 零件图样上带公差的尺寸，由于公差带大小一致，编程时取公称尺寸、上极限偏差、下极限偏差都可以。因为后续加工时要通过调整刀具磨损补偿来获得零件的尺寸精度。

② 零件毛坯为管料，但粗加工余量仍较大。所以，粗车采用复合循环指令进行编程，以简化程序编制。

③ 为了提高工件质量以及减小刀具费用，粗、精加工采用两把刀具。

④ 考虑到刀具需要较多，为了提高加工效率，应选用配有转塔式刀架的数控车床，而

且刀架不少于 6 工位。

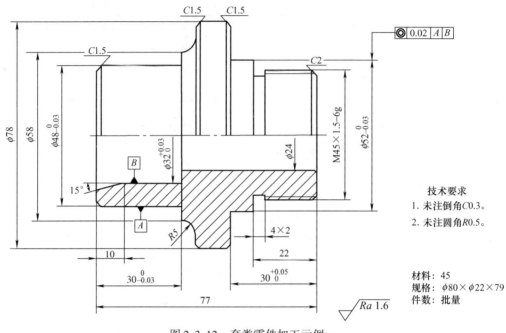

图 2.3-12　套类零件加工示例一

2）确定装夹方案。

单件生产时，采用自定心卡盘和螺纹套装夹工件来保证零件的同轴度要求，批量生产时如果还采用此种装夹方法，则加工效率不高。在批量生产时为了保证零件的同轴度（同轴度要求不是非常高的情况）要求，一般采用软爪卡盘进行装夹。为了提高生产效率，选用两台液压卡盘夹紧的数控车床进行分序加工。

在第 1 台数控车床上，根据工件毛坯直径车削软爪（软爪用于定位部分需要清根），用软爪装夹工件，使工件露出卡盘外 51mm，完成零件左端面、$C1.5$ 倒角、$\phi 48_{-0.03}^{\ 0}$ 外圆柱面、$R5$ 圆弧以及 $C1.5$ 倒角、$\phi 78$ 圆柱面以及 15° 内圆锥面、$\phi 32_{\ 0}^{+0.03}$ 内圆柱面的粗、精加工；设置第 1 个工件坐标原点（工件右端面与主轴中心线交点处）。装夹以及精车走刀路线如图 2.3-13 所示。

在第 2 台数控车床上，车削软爪（车削软爪时需夹持直径为 $\phi 48$mm 的圆棒料）使软爪直径比 $\phi 48_{-0.03}^{\ 0}$ 圆柱面略大，然后用软爪装夹工件，粗、精加工其余未加工表面。装夹以及精车走刀路线如图 2.3-14 所示。

3）确定加工顺序及走刀路线。

加工顺序按由内到外、由粗到精、由近到远的原则确定，在一次装夹中尽可能加工出较多的工件表面。结合本零件的结构特征，可先加工外轮廓表面，然后再加工内孔各表面。由于该零件为批量生产，走刀路线设计必须考虑最短进给路线或最短空行程路线。换刀点选择时，能满足刀具和工件不发生干涉即可，不必设在离工件太远处，循环点选择也要接近毛坯。

加工顺序安排如下：

① 第 1 台数控车床上用软爪装夹工件后，用 90° 外圆粗车刀车削右端面，轴向（Z 向）留精加工余量为 0.1mm。

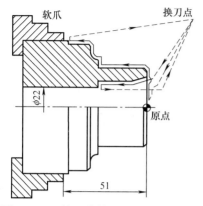

图2.3-13　第1次装夹及精车走刀路线

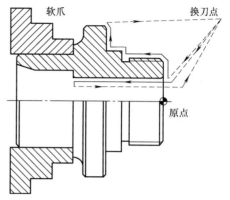

图2.3-14　第2次装夹及精车走刀路线

② 粗车 $C1.5$ 倒角、$\phi48_{-0.03}^{0}$ 外圆柱面、$R5$ 圆弧以及 $C1.5$ 倒角、$\phi78$ 圆柱面。

③ 用90°外圆精车刀精车端面、$C1.5$ 倒角、$\phi48_{-0.03}^{0}$ 外圆、$R5$ 圆弧以及 $C1.5$ 倒角、$\phi78$ 外圆等表面，长度至 47mm。

④ 用不通孔车刀粗车 15°内锥面、$\phi32_{0}^{+0.03}$ 内圆柱面。用不通孔精车刀精车上述轮廓。

⑤ 在第2台数控车床上，用软爪装夹工件后，用90°外圆粗车刀粗车工件右端面，留精加工余量为 0.1mm。

⑥ 粗车 $C2$ 倒角、$M45 \times 1.5$ 螺纹大径、$\phi52_{-0.03}^{0}$ 外圆柱面以及 $C1.5$ 倒角等外轮廓。

⑦ 用90°外圆精车刀车削上述轮廓。

⑧ 用切槽刀切退刀槽。

⑨ 粗、精车 $M45 \times 1.5$ 螺纹。

⑩ 用不通孔车刀粗车 $\phi24$ 内圆柱面。精车上述表面。

4）刀具选择。

根据加工内容，所需刀具如图2.3-15所示。考虑该零件为批量生产，粗、精加工应使用两把刀具；最小内圆弧半径为 $R0.5$，取刀具圆弧半径为 0.4mm；为了增加刀具的刚性，刀具副偏角可以取得小一些；切槽刀刀宽为4mm。

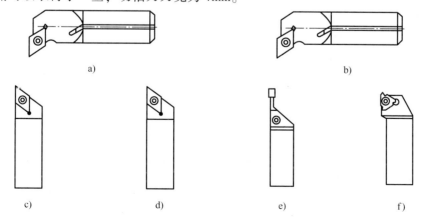

图2.3-15　加工所需刀具

a）不通孔粗车刀　b）不通孔精车刀　c）93°外圆粗车刀　d）93°外圆精车刀　e）切槽刀　f）三角螺纹车刀

5) 切削用量选择。

根据被加工表面质量要求、刀具材料、工件材料以及机床的刚性，参考切削用量手册或根据刀具厂商提供的参数选取切削速度与进给量，见表2.3-6。

切削深度的选择因粗、精加工而有所不同。粗加工时，在工艺系统刚性和机床功率允许的情况下，尽可能取较大的切削深度，以减少进给次数；精加工时，为保证零件表面粗糙度要求，切削深度一般取 0.1~0.4mm 较为合适。

一般情况，外圆切削的切削参数比内孔切削参数略大，因为外圆刀具的刚性相对比内孔刀具略高。

表 2.3-6　刀具与切削参数参考表

加工顺序号	刀具			切削参数			精加工余量/mm
	刀具号	刀具名称	刀片材料	切削速度/(mm/min)	进给量/(mm/r)	切削深度/mm	
1	T01	外圆粗车刀	硬质合金	180	0.25		0.1 (Z)
2	T01	外圆粗车刀	硬质合金	180	0.25	2	0.4 (X) 0.1 (Z)
3	T02	外圆精车刀	硬质合金	200	0.1		
4	T03	不通孔粗车刀	硬质合金	160	0.2	1.5	0.4 (X) 0.1 (Z)
5	T04	不通孔精车刀	硬质合金	180	0.1		
6	T01	外圆粗车刀	硬质合金	180	0.25		0.1 (Z)
7	T01	外圆粗车刀	硬质合金	180	0.25	2	0.4 (X) 0.1 (Z)
8	T02	外圆精车刀	硬质合金	200	0.1		
9	T05	切槽刀	硬质合金	160	0.05		
10	T06	三角螺纹车刀	硬质合金	160			
11	T03	不通孔粗车刀	硬质合金	160	0.2	1.5	0.4 (X) 0.1 (Z)
12	T04	不通孔精车刀	硬质合金	180	0.1		

（2）套类零件加工示例二

【例3-3】　对如图2.3-16所示套类零件数控车削工艺进行分析。

1）零件图工艺分析。该零件和图2.3-12所示零件是同一个零件，只是加工件数由批量生产改为单件生产，毛坯规格由管料改为棒料。

通过上述分析，采取以下几点工艺措施。

① 零件图样上带公差的尺寸，由于公差带大小一致，编程时取公称尺寸、上极限偏差、下极限偏差都可以。因为后续加工时要通过调整刀具磨损补偿来获得零件的尺寸精度。

② 零件毛坯为棒料，粗加工余量较大，所以，粗车采用复合循环指令进行编程，以简化程序的编制。

③ 内圆锥面最小端直径为24mm左右，所以，采用 φ22mm 麻花钻钻通孔，以增加加工效率，但底孔增大了，也可以为内孔加工选用直径较大的内孔刀杆，增加刀杆的刚性，进而

提高工件加工质量。

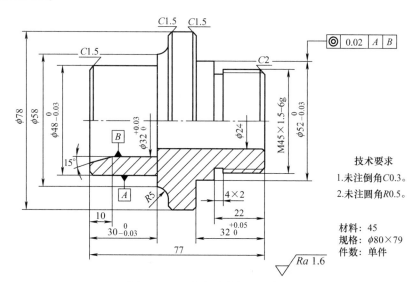

图 2.3-16 套类零件加工示例二

2）确定装夹方案。

因为是单件生产，零件的装夹要尽量选用已有的通用夹具装夹，且应注意减少装夹次数，尽量做到在一次装夹中能把零件上所有要加工表面都加工出来。数控车床多采用自定心卡盘夹持工件，但零件有多个内、外表面有同轴度要求。所以，应先加工螺纹的左端，再车削螺纹套，最后加工与已加工零件配合的右端。需要注意的是，如果要保证同轴度要求，必须使螺纹套前端的内圆柱面和零件左端已加工的 $\phi32^{+0.03}_{0}$ 内圆柱面保证良好的配合，螺纹套的螺纹也不能有毛刺；为了使零件装夹不发生干涉，螺纹套的端部需要倒角。

第 1 次装夹时，用自定心卡盘夹紧外圆，使工件露出卡盘外 47mm，完成零件左端面（对刀时已对其加工，以后不需要再加工）、$\phi24$ 内圆柱面和 C2 倒角、M45×1.5 螺纹大径、$\phi52^{0}_{-0.03}$ 外圆柱面、C1 倒角以及 $\phi78$ 外圆柱面的粗、精加工；切退刀槽、加工外螺纹；同时设置第 1 个工件坐标原点（工件右端面与主轴中心线交点处），装夹以及精车走刀路线如图 2.3-17 所示。

第 2 次装夹时，用自定心卡盘夹住另一根棒料，钻孔、车出和 M45×1.5 螺纹以及 $\phi52^{0}_{-0.03}$ 外圆柱面配合的螺纹套，然后把已加工的零件旋入螺纹套中，定位、旋紧、对刀，粗、精加工其余未加工表面。装夹以及精加工走刀路线如图 2.3-18 所示。

3）确定加工顺序及走刀路线。

加工顺序按由内到外、由粗到精、由近到远的原则确定，在一次装夹中尽可能加工出较多的工件表面。结合该零件的结构特征，可先加工内孔各表面，然后加工外轮廓表面。由于该零件为单件生产，走刀路线设计不必考虑最短进给路线或最短空行程路线，精加工内、外轮廓表面车削走刀路线可沿零件轮廓顺序进行，如图 2.3-17 和图 2.3-18 所示。

加工顺序安排如下：

① 第一次用自定心卡盘装夹工件毛坯外圆，使工件露出卡盘外长度超过 47mm，车右端面，钻中心孔，用 $\phi22$mm 麻花钻钻通孔。

② 粗车 $\phi24$ 内圆柱面。

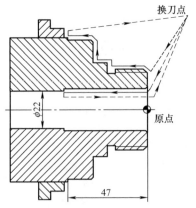

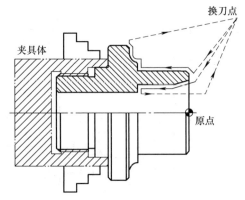

图 2.3-17　第 1 次装夹及精车走刀路线　　图 2.3-18　第 2 次装夹及精车走刀路线

③ 精车 $\phi24$ 内圆柱面。

④ 粗车 $C2$ 倒角、$\phi52_{-0.03}^{\ 0}$ 外圆柱面、$C1.5$ 倒角、$\phi78$ 外圆柱面，长度至 47mm。

⑤ 精车上述轮廓。

⑥ 切削退刀槽。

⑦ 粗、精车 $M45 \times 1.5$ 外螺纹。

⑧ 选直径略大于 60mm 的圆棒料，用自定心卡盘夹住，棒料伸出卡盘外 5mm 左右即可，钻孔、车削螺纹套（夹具）。

⑨ 将已加工零件旋进螺纹套中，对刀、粗车 15°内锥面和 $\phi32_{\ 0}^{+0.03}$ 内圆柱面。精车上述零件表面。

⑩ 粗车 $C2$ 倒角、$\phi48_{-0.03}^{\ 0}$ 外圆柱面、$R5$ 圆弧以及 $C1.5$ 倒角等表面。精车上述轮廓。

4）刀具选择。

根据加工内容，所需刀具如图 2.3-19 所示。考虑该零件为单件生产，粗、精加工可使用同一把刀具，最小内圆弧半径为 $R0.5$，取刀具圆弧半径为 0.4mm。为了增加刀具的刚性，刀具副偏角可以取得小一些，切槽刀刀宽为 4mm。

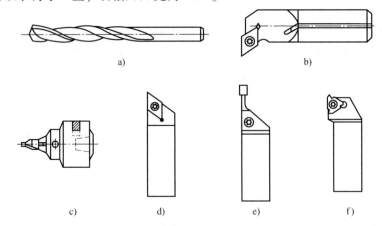

图 2.3-19　加工所需刀具

a）$\phi22$mm 麻花钻　b）内孔粗、精车刀　c）中心钻　d）93°外圆车刀　e）切槽刀　f）三角螺纹车刀

5）切削用量选择。

根据被加工表面质量要求、刀具材料、工件材料以及机床的刚性，参考切削用量手册或根据刀具厂商提供的参数选取切削速度与进给量，见表2.3-7。

表 2.3-7　刀具与切削参数参考表

加工顺序序号	刀具			切削参数			精加工余量/mm
	刀具号	刀具名称	刀片材料	切削速度/（mm/min）	进给量/（mm/r）	切削深度/mm	
1	T05	中心钻	高速钢	1500r/min	手工操作		
	T06	φ22mm麻花钻	高速钢	200r/min	手工操作		
2	T02	内孔粗车刀	硬质合金	160	0.2	1.5	0.4（X） 0.1（Z）
3	T02	内孔精车刀	硬质合金	180	0.1		
4	T01	外圆粗车刀	硬质合金	180	0.25	2	0.4（X） 0.1（Z）
5	T01	外圆精车刀	硬质合金	200	0.1		
6	T04	切槽刀	硬质合金	160	0.05		
7	T03	三角螺纹车刀	硬质合金	100			
8	T06	φ22mm麻花钻	高速钢	200r/min	手工操作		
	T02	内孔车刀	硬质合金	160（粗） 180（精）	0.2	1.5	0.4（X） 0.1（Z）
	T07	内螺纹车刀	硬质合金	100			
9	T02	内孔粗车刀	硬质合金	160	0.2	1.5	0.4（X） 0.1（Z）
10	T02	内孔精车刀	硬质合金	180	0.1		
11	T01	外圆粗车刀	硬质合金	180	0.25	2	0.4（X） 0.1（Z）
12	T01	外圆精车刀	硬质合金	200	0.1		

切削深度的选择因粗、精加工而有所不同。粗加工时，在工艺系统刚性和机床功率允许的情况下，尽可能取较大的切削深度，以减少进给次数；精加工时，为保证零件表面粗糙度要求，切削深度一般取0.1~0.4mm较为合适。

一般情况，外圆切削的切削参数比内孔切削参数略大，因为外圆刀具的刚性相对比内孔刀具略高。虽然高转速车削螺纹的效果较好，但是螺纹切削转速的确定还要考虑所选用的数控车床车螺纹时是否会发生超速。

2. 三档主动齿轮坯的加工任务实施

（1）零件图工艺分析

图2.3-7所示三档主动齿轮坯，由内外圆柱面、外圆锥面组成，其中多个表面在直径尺寸和轴向尺寸都有较高的尺寸精度，全部表面粗糙度为Ra1.6μm。零件图尺寸标注完整，符合数控加工尺寸标注要求，轮廓描述清楚完整。零件毛坯材料为φ60mm×48mm的45钢，

切削加工性能较好，无热处理和硬度要求，左、右端面均为多个尺寸的设计基准，加工数量为中批量生产。

通过上述分析，采取以下几点工艺措施。

① 零件图样上带公差的尺寸，由于公差带大小一致，编程时取公称尺寸、上极限偏差、下极限偏差都可以。因为后续加工时要通过调整刀具磨损补偿来获得零件的尺寸精度。

② 零件毛坯为棒料，粗加工余量较大，零件的尺寸较多，所以，粗车采用复合循环指令进行编程，以简化程序的编制。

③ 内圆柱面最小端直径为 20mm，所以采用 ϕ18mm 麻花钻钻通孔，以增加加工效率，为了增加刀杆的刚性，也可以为内孔加工选用直径较大的内孔刀杆，进而提高工件加工质量。

（2）制订三档主动齿轮坯的工艺方案

以典型案例为依据，小组成员共同参与，讨论分析三档主动齿轮坯的加工工艺，制订工艺方案，根据讨论结果完成实习报告。

（3）零件的程序编制

【参考程序】

程　序	注　释
O3004	程序名
% 3004	程序索引号
T0101	调 1 号外圆粗车刀,建立坐标系
S800 M03	主轴正转,转速为 800r/min
G00 X62 Z4	快速到循环点
G71 U2 R1 P1 Q2 X0.4 Z0.1 F120	粗车循环
G00 X80 Z80	回到换刀点
M05	主轴停转
M00	程序暂停
T0202	调 2 号外圆精车刀,建立坐标系
S1200 M03	主轴正转,转速 1200r/min
G00 X62 Z4	快速到循环点
N1 G00 X18 G42	精加工开始,建立刀具半径右补偿
G01 Z0 F100	
X38	
X43.99 Z－8	
Z－20	
X57.99 C0.5	
Z－30	
N2 X62	
G00 Z80 X80 G40	
M05	
M00	
T0303	调 3 号不通孔粗车刀,建立坐标系
S1000 M03	主轴正转,转速1000r/min
G00 X17 Z4	快速到循环点
G71 U2 R1 P3 Q4 X－0.4 Z0.1 F150	粗车循环
G00 X80 Z80	回到换刀点

M05	主轴停转
M00	程序暂停
T0404	调4号不通孔精车刀,建立坐标系
S1200 M03	主轴正转,转速1200r/min
G00 X17 Z4	快速到循环点
N3 G00 X34.02	
G01 Z−6 F100	
X26.02 C0.5	
Z−18	
N4 X18	
G00 Z80	回到换刀点
X80	
M05	主轴停转
M30	程序结束
O3005	程序名
%3005(掉头车削程序)	程序索引号
T0303	调3号不通孔车刀,建立坐标系
S1000 M03	主轴正转,转速1000r/min
G00 X17 Z5	快速到循坏点
G80 X19 Z−28 F100	
G80 X20.02 Z−28 F100	加工φ20内表面
G00 X80 Z80	
M05	主轴停转
M00	程序暂停
T0101	调1号外圆粗车刀,建立坐标系
S800 M03	主轴正转,转速800r/min
G00 X62 Z4	快速到循环点
G71 U2 R1 P1 Q2 X0.4 Z0.1 F120	粗车循环
G00 X80 Z80	回到换刀点
M05	主轴停转
M00	程序暂停
T0202	调2号外圆精车刀,建立坐标系
S1200 M03	主轴正转,转速1200r/min
G00 X62 Z4	快速到循环点
N1 G00 X18 G42	精加工开始,建立刀具半径右补偿
G01 Z0 F100	
X23.99	
Z−1	
X47.99 C0.5	
Z−20	
N2 X62	
G00 X80 Z80 G40	回到换刀点,取消刀具补偿
M05	主轴停转
M00	程序暂停
T0404	调4号切槽刀,建立坐标系
S500 M03	主轴正转,转速500r/min
G00 X60	

```
Z-20                              快速到下刀点
G01 X40 F40
X60 F100
G00 X80 Z80                       回到换刀点
M05                               主轴停转
M30                               程序结束
```

（4）技能训练

1）加工准备。

① 检测坯料尺寸。

② 装夹刀具与工件。

90°菱形外圆粗车刀按要求装于刀架的 T01 号刀位。90°菱形外圆精车刀按要求装于刀架的 T02 号刀位。不通孔粗车刀按要求装于刀架的 T03 号刀位。不通孔精车刀按要求装于刀架的 T04 号刀位。切槽刀按要求装于刀架的 T04 号刀位。第一次装夹毛坯伸出卡爪外长度 35mm。

③ 程序输入。

④ 程序模拟。

2）对刀。

① 外圆粗车刀 T01 采用试切法 Z 向对刀时，先移动刀具手动切削工件右端面，再沿 X 向退刀，将右端面与加工原点距离 0 输入与 T01 对应的对刀界面刀偏表中"试切长度"位置。

T01 采用试切法 X 向对刀时，只需要把外圆粗车刀试切一段台阶，然后刀具沿 Z 向退刀后，停转主轴，测量工件试切直径，然后在对刀界面刀偏表中相应刀号的"试切直径"位置输入试切直径数值。

外圆精车刀 T02 采用与外圆粗车刀加工完的端面和外圆接触的方法，把操作得到的数据输入到与 T02 对应的对刀界面刀偏表中。

② 不通孔粗、精车刀 Z 向对刀采用与外圆粗车刀加工完的端面接触的方法，并把 0 分别输入到与 T03、T04 对应的对刀界面刀偏表中。

不通孔粗车刀 T03 采用试切法 X 向对刀时，需要在内圆柱面上切削一段台阶，输入的数值是试切的内孔直径值。

不通孔精车刀 T04 采用与不通孔粗车刀加工完的内圆柱面接触的方法，把操作得到的数据输入到与 T04 对应的对刀界面刀偏表中。

③ 切槽刀 T04 采用与外圆粗车刀加工完的端面和外圆接触的方法，把操作得到的数据输入到与 T04 对应的对刀界面刀偏表中。

3）零件的自动加工。将程序调到开始位置，首次加工选择单段运行模式，快速进给倍率调整为 25%，粗加工正常运行一个循环后，选择自动加工模式，调好进给倍率 100%，按数控车床循环启动按钮进行自动加工。

4）零件加工过程中尺寸控制。

① 外圆尺寸控制方法略。

② 对好刀后，按循环启动按钮执行零件粗加工。

③ 内孔粗加工完成后用内径百分表测量内孔尺寸。

④ 修改磨损（若实测尺寸比编程尺寸小 0.5mm，则 X 磨损参数设为 +0.1；若实测尺

寸比编程尺寸小 0.4mm，则 X 磨损参数设为 0；若实测尺寸比编程尺寸小 0.3mm，则 X 磨损参数设为 –0.1），在修改磨损时考虑中间公差，中间公差一般取中值。

⑤ 自动加工执行精加工程序段。

⑥ 测量（若测量尺寸内孔仍小，继续修调）。

（5）零件检测与评分

加工完成后对零件进行尺寸检测，并把检测结果写在表 2.3-8 中。

（6）加工结束，清理机床

每天加工结束后，整理工量具，清除机床切屑，做好机床的日常保养和实习车间的卫生，养成良好的文明生产习惯。

表 2.3-8 零件质量评分表

序 号	检查项目	配 分	评分标准	扣 分	得 分
1	$\phi 58_{-0.02}^{0}$	8	每超差 0.01mm 扣 1 分		
2	$\phi 48_{-0.02}^{0}$	8	每超差 0.01mm 扣 1 分		
3	$\phi 24_{-0.02}^{0}$	6	每超差 0.01mm 扣 2 分		
4	$\phi 20_{0}^{+0.03}$	6	每超差 0.01mm 扣 1 分		
5	$\phi 26_{0}^{+0.03}$	6	每超差 0.01mm 扣 1 分		
6	$\phi 34_{0}^{+0.03}$	6	每超差 0.01mm 扣 1 分		
7	$\phi 44_{-0.02}^{0}$	10	每超差 0.01mm 扣 1 分		
8	$15_{-0.2}^{0}$	5	每超差 0.01mm 扣 1 分		
9	$16_{-0.2}^{0}$	5	每超差 0.01mm 扣 1 分		
10	$24_{-0.05}^{0}$	8	每超差 0.01mm 扣 1 分		
11	$44_{-0.05}^{0}$	8	每超差 0.01mm 扣 1 分		
12	槽 4×4	4	超差不得分		
13	倒角（5 处）	5	错漏一处扣 1 分		
14	$Ra1.6\mu m$	5	降级不得分		
15	安全文明生产	10	1. 遵守机床安全操作规程 2. 刀具、工具、量具放置规范 3. 进行设备保养，场地整洁		
16	工时定额（2.5h）	—	不允许超时（每超时 10min 扣 5 分）	—	
		成　绩			

【拓展知识】

1. 闭环复合车削循环指令 G73

格式：

G73 U(ΔI) W(Δk) R(r) P(n_s) Q(n_f) X(Δx) Z(Δz) F(f) S(s) T(t)

说明：

该功能在切削工件时刀具轨迹为如图 2.3-20 所示的封闭回路，刀具逐渐进给，使封闭切削回路逐渐向零件最终形状靠近，最终切削成工件的形状，其精加工路径为 $A \to A' \to B' \to B$。

这种指令能对铸造，锻造等粗加工中已初步成形的工件，进行高效率切削。

ΔI：X 轴方向的粗加工总余量。

Δk：Z 轴方向的粗加工总余量。

r：粗切削次数。

n_s：精加工路径第一程序段（即图 2.3-20 中的 AA'）的顺序号。

n_f：精加工路径最后程序段（即图 2.3-20 中的 $B'B$）的顺序号。

Δx：X 方向精加工余量。

Δz：Z 方向精加工余量。

f，s，t：粗加工时 G73 中编程的 F、S、T 有效，而精加工处于 n_s 到 n_f 程序段之间的 F、S、T 有效。

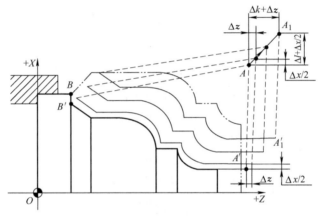

图 2.3-20　闭环复合车削循环走刀路线图

【注意】

① ΔI 和 ΔK 表示粗加工时总的切削量，粗加工次数为 r，则每次 X、Z 方向的切削量为 $\Delta I/r$、$\Delta K/r$。

② 按 G73 程序段中的 P 和 Q 指令值实现循环加工，要注意 Δx 和 Δz、ΔI 和 ΔK 的正负号。

【例 3-4】　编制图 2.3-21 所示零件的加工程序。设切削起始点在 A（60，5）；X、Z 方向粗加工余量分别为 3mm、0.9mm；粗加工次数为 3；X、Z 方向精加工余量分别为 0.6mm、0.1mm。其中双点画线部分为工件毛坯。

【参考程序】

程　序	注　释
O3006	程序名
% 3006	程序索引号
N1 T0101	调 1 号外圆车刀,建立坐标系
N2 M03 S400	主轴正转,转速 400r/min
N3 G00 X60 Z5	快速到循环点
N4 G73 U3 W0.9 R3 P5 Q13 X0.6 Z0.1 F120	

N5 G00 X0 Z3	精加工轮廓开始,到倒角延长线处
N6 G01 U10 Z-2 F80	精加工倒 C2 角
N7 Z-20	精加工 φ10 外圆
N8 G02 U10 W-5 R5	精加工 R5 圆弧
N9 G01 Z-35	精加工 φ20 外圆
N10 G03 U14 W-7 R7	精加工 R7 圆弧
N11 G01 Z-52	精加工 φ34 外圆
N12 U10 W-10	精加工锥面
N13 U10	退出已加工表面,精加工轮廓结束
N14 G00 X80 Z80	返回程序起点位置
N15 M30	主轴停转、主程序结束并复位

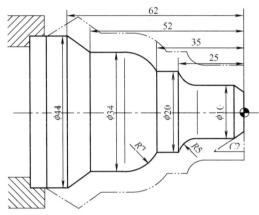

图 2.3-21 闭环复合车削循环指令 G73 加工示例

2. 端面沟槽的种类及切削方法

（1）端面沟槽的种类

常见的端面沟槽有矩形槽、圆弧形槽、燕尾形槽和 T 形槽等,如图 2.3-22 所示。矩形槽和圆弧形槽通常用于减轻工件重量、减少工件接触面或作为油槽。T 形槽和燕尾槽常用于穿螺钉、螺栓联接工件。

（2）端面沟槽的车削方法

在车削端面沟槽时,切槽刀的左侧一个刀尖相当于在车内孔,另一个右侧刀尖相当于在车外圆。为了防止端面车槽刀的副后刀面与槽壁相碰,端面切槽刀的左侧副后刀面必须按端

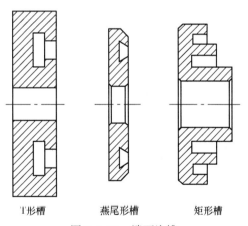

T 形槽   燕尾形槽   矩形槽

图 2.3-22 端面沟槽

面槽的圆弧大小刃磨成圆弧切削刃,并带有一定的后角。端面切槽刀装夹时应使主切削刃与工件中心等高,且端面切槽刀的中心线必须与工件轴线平行。

精度要求不高,宽度较窄、深度较浅的平面矩（锥）形沟槽,通常采用等宽的切槽刀（锥形槽加工时可用成形刀）直进法一次进给车出;当沟槽精度要求较高时,则采用先粗后精的方法加工;车削宽度与深度较大的矩形端面槽时可采用分层直进法切削;车削宽度与深度较大的锥形端面槽时可先用较小槽宽的车刀去除其大部分余量,再沿其轮廓切削的方法。

3. 可转位刀具使用时常见问题

（1）可转位刀具安装时的注意事项

1）刀片安装和转位时应注意的问题。

① 转位和更换刀片时应清理刀片、刀垫和刀杆各接触面，应保证接触面无铁屑和杂物，表面有凸起点应修平。已用过的刃口应转向切屑流向的定位面。

② 转位刀片时应使其稳当地靠向定位面，夹紧时用力适当，不宜过大（必要时，可采用测力扳手）。夹紧时，有些结构的车刀需要用手按住刀片，使刀片紧贴底面（如偏心式结构）。夹紧的刀片、刀垫和刀杆三者的接触面应贴合无缝，要注意刀尖部位紧贴良好，不得有漏光现象，刀垫更不得有松动现象。

2）刀杆安装时应注意的问题

① 车刀安装时其底面应清洁、无黏着物。若使用垫片调整刀尖高度，垫片应平直，最多不要超过3块垫片。如内侧和外侧面也须做安装定位面，也应擦拭干净。

② 刀杆伸出长度在满足加工要求下应尽可能短，普通刀杆一般伸出长度是刀杆厚度的1.5倍，最长也不能超过3倍。如需伸出更长则需要选择特殊材料制成的刀杆。

（2）可转位车刀使用时易出现的问题以及解决措施

虽然可转位车刀优点很多，但使用时仍可能出现问题，问题和解决措施见表2.3-9。

表 2.3-9　可转位数控车刀使用时易出现的问题和解决措施

问 题	原 因	措 施
切削有振动	① 刀片没夹紧 ② 刀片尺寸误差太大 ③ 夹紧元件变形 ④ 刀具质量太差	① 重新装夹刀片 ② 更换精度更高的刀片 ③ 更换夹紧元件 ④ 更换刀具
刀尖打刀	刀尖底面与刀垫有间隙	重新装夹刀片，注意刀片底面贴紧
切削时有吱吱响声	① 刀片、刀垫和刀体接触不实，刀具装夹不牢固 ② 刀具磨损严重 ③ 刀杆伸出过长 ④ 工件刚性不足或夹具刚性不足	① 重新装刀或刀片 ② 更换刀尖 ③ 缩短刀杆伸出长度 ④ 增加工艺系统刚性
刀尖处冒火花	① 刀尖或工作部分有缺口 ② 刀片严重磨损 ③ 切削速度过高	① 更换磨钝的刀尖 ② 更换刀片 ③ 选择合适的切削速度
前刀面有积屑瘤	① 几何角度不合理 ② 槽形不正确 ③ 切削速度太低	① 加大前角 ② 选择合理槽形 ③ 提高切削速度
切削粘刀	刀片材质不合理	选用相应材质刀片
切屑飞溅	① 进给量过大 ② 脆性工件材料	① 调整切削用量 ② 增加导屑器或挡屑器
刀片有剥离现象	① 切削液供应不充分 ② 不易用切削液的高硬度材料 ③ 刀片质量有问题	① 增大切削液流量 ② 干切削 ③ 更换相适应的刀片材料

思维拓展：郁金香杯（或御赐金碗）设计与加工

1. 根据给定的电子图样，找到编程所需的坐标点，完成如图 2.3-23 所示郁金香杯零件的编程与加工，或自行设计郁金香杯形状，毛坯尺寸 $\phi50\text{mm} \times 150\text{mm}$，只提供 93°外圆车刀、切槽刀、内孔车刀。

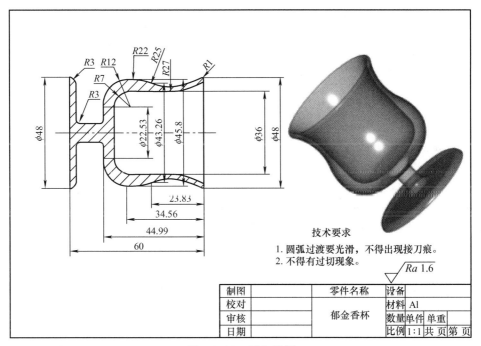

技术要求

1. 圆弧过渡要光滑，不得出现接刀痕。
2. 不得有过切现象。

$\sqrt{Ra\ 1.6}$

制图		零件名称	设备		
校对			材料 Al		
审核		郁金香杯	数量	单件	单重
日期			比例 1:1	共 页	第 页

图 2.3-23 郁金香杯

2. 完成如图 2.3-24 所示御赐金碗零件的编程与加工，或自行设计御赐金碗形状，毛坯尺寸 $\phi45\text{mm} \times 70\text{mm}$，只提供 93°外圆车刀、切槽刀、内孔车刀。（提示：该零件属于薄壁类零件，在加工时需要注意选择合理的切削用量，且配合端面复合车削循环指令 G72 和闭环车削循环指令 G73 才能完成工件的加工；另外，郁金香杯需要利用二维绘图软件获取基点坐标值；为了保证工件表面粗糙度一致，需要采用恒限速功能。）

【自测题】

1. 选择题（请将正确答案的序号填写在题中的括号内）

（1）内径百分表是一种（　　　）。

（A）间接测量法　　（B）直接测量法　　（C）比较测量法　　（D）接触测量法

（2）自动运行时，不执行段前带"/"的程序段需按下（　　　）功能按键。

（A）空运行　　　　（B）单段　　　　　（C）M01　　　　　（D）跳步

（3）加工如齿轮类的盘形零件，精加工时应以（　　　）做基准。

（A）外形　　　　　（B）内孔　　　　　（C）端面　　　　　（D）以上均不能

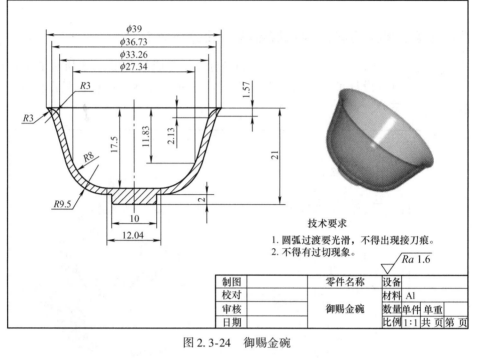

技术要求
1. 圆弧过渡要光滑, 不得出现接刀痕。
2. 不得有过切现象。

$\sqrt{Ra\,1.6}$

制图		零件名称	设备	
校对			材料 Al	
审核		御赐金碗	数量 单件	单重
日期			比例 1:1	共 页 第 页

图 2.3-24　御赐金碗

（4）用自定心卡盘夹持轴类零件, 车削加工内孔出现锥度, 其原因可能是（　　　）。

（A）夹紧力太大, 工件变形　　　　　　（B）刀具已经磨损

（C）工件没有找正　　　　　　　　　　（D）切削用量不当

（5）镗孔刀尖如低于工件中心, 粗车孔时易把孔径车（　　　）。

（A）小　　　　　（B）相等　　　　　（C）不影响　　　　　（D）大

（6）（　　　）是一种以内孔为基准装夹达到相对位置精度的装夹方法。

（A）一夹一顶　　　（B）两顶尖　　　（C）平口钳　　　（D）心轴

（7）华中数控系统属于（　　　）控制方式。

（A）点位　　　　　（B）轮廓　　　　　（C）直线　　　　　（D）直接

（8）钻头钻孔一般属于（　　　）。

（A）精加工　　　（B）半精加工　　　（C）粗加工　　　（D）半精加工和精加工

（9）在使用（　　　）指令的程序段中要用指令 G46 设置。

（A）G97　　　　　（B）G96　　　　　（C）G95　　　　　（D）G98

（10）主轴加工采用两中心孔定位, 能在一次安装中加工大多数表面, 符合（　　　）原则。

（A）基准统一　　　　　　　　　　　（B）基准重合

（C）自为基准　　　　　　　　　　　（D）同时符合基准统一和基准重合

2. 判断题（请将判断结果填入括号中, 正确的填"√", 错误的填"×"）

（　　）（1）炎热的夏季车间温度高达 35°C 以上, 因此要将数控柜的门打开, 以增加通风散热。

（　　）（2）用一个精密的塞规可以检查加工孔的质量。

（　　）（3）车通孔时，内孔车刀刀尖应装得高于刀杆中心线。

（　　）（4）为了保持恒切削速度，在由外向内车削端面时，如进给速度不变，主轴转速应该由快变慢。

（　　）（5）套类零件因受刀体强度、排屑状况的影响，所以每次切削深度要少一点，进给量要慢一点。

（　　）（6）标准麻花钻的横刃斜角为50°~55°。

（　　）（7）外圆粗车循环方式适合于加工已基本铸造或锻造成型的工件。

（　　）（8）在数控加工中，如果圆弧指令后的半径遗漏，则圆弧指令作直线指令执行。

（　　）（9）在数控机床上加工零件，应尽量选用组合夹具和通用夹具装夹工件。避免采用专用夹具。

（　　）（10）选择数控车床用的可转位车刀时，钢和不锈钢属于同一工件材料组。

3. 简答题

（1）车削内孔时产生锥度的原因是什么？

（2）简述G71、G73指令的应用场合有何不同。

（3）钻孔时应注意哪些问题？

（4）切槽时出现内槽狭窄、外口大的喇叭形，造成这种现象的主要原因是什么？

项目4 内孔复合件的加工

子项目4.1 圆头手柄的加工

知识目标：

1. 熟悉内孔螺纹车刀、内孔车刀的选用及对刀方法。
2. 掌握内孔螺纹车刀的安装方法。
3. 掌握内螺纹及多槽的编程方法。

能力目标：

1. 能根据所加工的零件正确地选择和使用常用工艺装备。
2. 能制订圆头手柄的加工工艺，并合理设计胎具。
3. 能评价零件加工质量并对加工过程进行监控。
4. 能完成三角形内外螺纹的加工与零件尺寸精度的控制。

【项目导入】

加工如图2.4-1所示圆头手柄，工件毛坯尺寸 φ50mm×95mm 铝棒料和胎具 φ50mm×φ20mm×45mm 铝管料，该零件的生产类型为单件生产，要求设计数控加工工艺方案，编制数控加工程序并完成零件的加工。

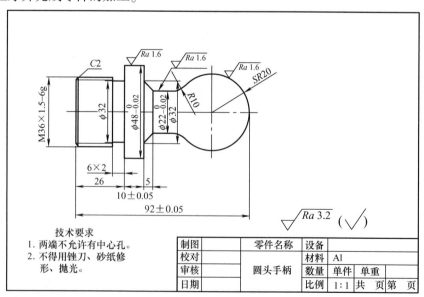

图 2.4-1　圆头手柄

【相关知识】

外轮廓、内腔集一体的零件，如一些机械上复杂的传动轴、轴承套、复合轴等，它们大都具有带圆柱的孔、内锥、内螺纹、内沟槽和外锥、外螺纹、外沟槽及外曲面，这是一种内、外形较复杂而加工又烦琐的常见综合零件。下面将介绍车削内外轮廓集一体零件的相关知识。

1. 内螺纹车削相关知识

（1）车削内螺纹的方法

车削内螺纹的方法和车削外螺纹的方法基本相同，但进刀、退刀方向正好与车外螺纹相反。由于刀柄细长、刚性差、切屑不易排出、切削液不易注入及不便于观察等原因，车削内螺纹（尤其是直径较小的螺纹）比车削外螺纹要困难得多。内螺纹孔的形状常见的有通孔、不通孔和台阶孔3种，如图2.4-2所示。由于内螺纹孔形状不同，因此车削方法及所用的螺纹车刀也不同。

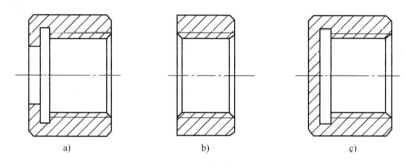

图 2.4-2　内螺纹孔的形状

a）台阶孔　b）通孔　c）不通孔

（2）内螺纹车刀的安装

安装内螺纹车刀时，应使刀尖对准工件中心，同时使两刃夹角中线垂直于工件轴线，可采用样板对刀的方法对刀。装好刀后，还应手动使刀具在孔中试走一遍，检查刀柄是否与孔口相碰。

（3）内螺纹的相关尺寸计算

在车内螺纹时，一般先钻孔或扩孔。由于切削时的挤压作用，内孔直径会缩小（塑性金属较明显），所以车螺纹前孔径略大于小径的基本尺寸，其计算公式为（P 为螺纹的螺距）

内螺纹底孔尺寸 $= D_{公称直径} - P$（塑性材料）$= D_{公称直径} - 1.05P$（脆性材料）

螺纹牙型深度（直径理论值）$h = 1.3P$

（4）车削内螺纹时常见问题及解决措施

1）车削内螺纹时常见问题。

在车削内螺纹时，有时虽然螺纹高度已达到尺寸要求，但在使用螺纹塞规或对配外螺纹时，仍然拧不进去；有时虽然拧进了，但多拧几次则配合过松；有时仅在螺纹进口处拧进几牙。出现上述问题的原因如下：

① 车刀的两侧刃不直，使车出的螺纹牙型两侧面也相应不直，降低了螺纹精度。

② 车刀的顶宽太窄，虽然内螺纹车刀符合规定高度，但内螺纹的中径处牙槽宽未达到要求尺寸，小于外螺纹中径处的牙厚。

③ 由于车刀刃磨的不准确，或前角过大，以及装刀偏高或偏低等影响，造成螺纹的牙型角产生较大误差；或是由于装刀歪斜，产生了较大的螺纹半角误差。

④ 内螺纹内径车的太小，因此检查时拧不进去。

⑤ 内螺纹车刀的刀杆，受孔径大小和长短的限制，刚性较差，在车削时因切削力的影响会产生少量的弯曲变形，出现"让刀"现象，使内螺纹产生锥形误差，因此在检查时，只能在进口处拧进几牙。

2）车削内螺纹常见问题的解决措施。

首先应正确刃磨和安装刀具，以及在车削内螺纹内孔径时，保证达到规定尺寸。其次，在采用"直进法"车削时，必须注意螺纹车刀的刀尖宽度应符合要求，使用的内螺纹车刀达到规定的高度，中径处的牙槽宽基本达到规定尺寸。

对于因"让刀"现象所产生的螺纹锥形误差，不能盲目地加深吃刀量，这样不但不能减小锥形误差，而且会影响螺纹的配合精度。这时可以使车刀在原来吃刀深度的位置反复车削，逐步消除锥形误差，随后用外螺纹试拧，直至全部拧进为止。

（5）内螺纹编程实例

螺纹数控加工通常采用螺纹切削固定循环指令，但应注意进刀、退刀方向正好与车外螺纹相反。另外，为减少螺纹头部的螺距误差，螺纹切削的起刀点一般离螺纹端部两倍导程以上。

【例 4-1】 车削加工如图 2.4-3 所示内螺纹零件。内孔螺纹底径值为 27mm – 1.5mm = 25.5mm。

内螺纹精加工余量 $U = -0.1$mm，加工内螺纹时，Z 向退尾量 $R = (0.75 \sim 1.25)P$，其中 P 为螺距，X 向退尾量 E 都取负值。

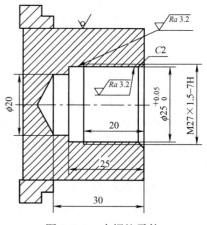

图 2.4-3 内螺纹零件

【参考程序】

程　序	注　释
O4001	程序名
% 4001	程序索引号
T0303	调 3 号螺纹车刀,建立坐标系
M03 S500	主轴正转,转速 500r/min
G00 X19 Z5	快速到循环点
G76 C2 A60 X27 Z – 20 K0.975 U – 0.1 V0.1 Q0.4 F1.5	
R – 1.5 E – 1	
G00 X80 Z80	快速回到换刀点
M30	程序结束

2. 车削内外轮廓集一体零件的相关知识

（1）技术要求

此类零件一般都要求具有较高的孔尺寸精度、圆度、圆柱度和表面粗糙度，具有较高的内孔与外圆的同轴度及端面与轴线的垂直度。

（2）零件加工特点

1）对于此类件一般都要经过掉头装夹。

2）加工深孔时，孔的轴线容易歪斜；钻孔时，钻头易偏斜。

3）切屑不易排除，切削液不易进入切削区，因此切削温度高，冷却困难。

4）加工内腔时，观察、测量困难，加工质量难保证。

（3）车削加工要点

1）此类零件在编程时，先从工艺角度看是否有接刀，根据实际需要编出内腔一组或两组程序，外轮廓一组或两组程序。

2）加工时，通常先装夹加工内腔需要的所有刀具，然后对刀，调内腔程序加工内腔；加工完成后，将刀具换下再装夹加工外轮廓需要的所有刀具，再一次对刀，调外轮廓程序加工，直至完成整个零件的加工。

3）尽量将内腔或外轮廓全部车削一次完成，若实在无法完成，应找好接刀点的位置，最好以内外台阶、变径、车槽处作为接刀点，尽量避免以内外圆柱面、内外锥面、内外圆弧面作为接刀点，以避免产生接刀痕影响内外表面质量。

4）掉头装夹应垫铜皮或用软卡爪，夹紧力要适当，不要将已加工好的外圆夹伤。

（4）刀具的装夹

1）华中世纪星数控车床刀架只有 4 个刀位，而加工这种零件所使用的刀具往往多达 6～8 把，因此需要在加工过程中停机进行手动换刀。

2）装夹内孔镗刀时，要注意主切削刃应稍高于主轴线。因刀杆有"让刀现象"，因此应根据所加工孔的实际深度，决定刀杆伸出的长短。伸出的长短要适宜，既不能过短也不能过长。

【项目实施】

1. 典型案例分析

【例 4-2】 对如图 2.4-4 所示盘类零件进行数控加工工艺分析。

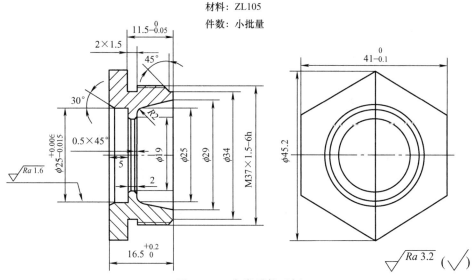

图 2.4-4 盘类零件示例

（1）零件图工艺分析

图 2.4-4 所示零件表面由内外圆柱面、内圆锥面、圆弧及外螺纹等表面组成，其中多个表面在直径尺寸和轴向尺寸都有较高的尺寸精度，$\phi25^{+0.006}_{-0.015}$ 内圆柱表面粗糙度为 $Ra1.6\mu m$，其余加工表面粗糙度为 $Ra3.2\mu m$。零件图尺寸标注完整，符合数控加工尺寸标注要求，轮廓描述清楚完整。零件毛坯为铸铝，切削加工性能较好，无热处理和硬度要求，其正六边形部分在铸造时已经成形，不需要加工，右端面为多个尺寸的设计基准，加工数量为小批量生产。

通过上述分析，采取以下几点工艺措施。

① 零件图样上带公差的直径尺寸仅有一个，编程时取公称尺寸、上极限偏差、下极限偏差都可以。后续加工时可通过调整刀具磨损补偿来获得零件的尺寸精度。

② 零件毛坯为铸件，加工余量不大。但为了防止"误差复映"现象出现，影响加工尺寸精度，采用两次精车车削。

③ 因为零件加工性能比较好，刀具磨损也较小，所以粗、精加工采用同一把刀具。

（2）确定装夹方案

该零件为小批量生产，毛坯为铸件，有拔模斜度，采用普通的自定心卡盘装夹很难完成。考虑零件左端面和右端面在轴向有尺寸精度要求，采取如下装夹方案。

在第 1 台数控车床上，根据零件正六边形表面大小把自定心卡盘 3 个卡爪铣成 3 个直线面，深度方向铣削成 3mm 的台阶面，做定位用（定位部分需要清根）。然后用自定心卡盘装夹工件的正六边形部分，完成零件右端面、$\phi34$ 外圆柱面、锥面以及 2×1.5 退刀槽和 $M37\times1.5-6h$ 螺纹的加工。同时完成内圆锥面、$R2$ 圆弧面以及 $\phi19$ 内圆柱面的加工，设置第 1 个工件坐标原点（工件右端面与主轴中心线交点处）。装夹以及精车走刀路线图如图 2.4-5 所示。

在第 2 台数控车床上，用自定心卡盘夹住另一棒料，钻孔、车出和 $M37\times1.5-6h$ 螺纹配合的螺纹套，然后把已加工的零件旋入螺纹套中，定位、旋紧、对刀，粗、精加工其余未加工表面。装夹以及精加工走刀路线如图 2.4-6 所示。

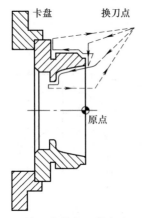

图 2.4-5　第 1 次装夹及精车走刀路线图

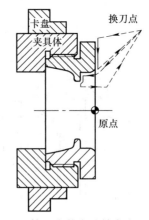

图 2.4-6　第 2 次装夹及精车走刀路线图

（3）确定加工顺序及走刀路线

加工顺序按由内到外、由粗到精、由近到远的原则确定，在一次装夹中尽可能加工出较多的工件表面。结合本零件的结构特征，可先加工外轮廓表面，然后再加工内孔各表面。由于该零件为小批量生产，走刀路线设计必须考虑最短进给路线或最短空行程路线；换刀点的选择能满足换刀时刀具和工件不发生干涉即可，不必设在离工件太远处；循环点的选择要接近毛坯。

加工顺序安排如下：

1）第1台数控车床上用自定心卡盘装夹工件正六边形外圆部分后，用90°外圆粗车刀车削右端面。

2）半精车 $\phi34$ 外圆柱面、45°外圆锥面、螺纹大径。

3）精车上述轮廓，保证零件尺寸精度。

4）用宽2mm的切槽刀加工退刀槽。

5）用三角螺纹车刀加工 $M37 \times 1.5 - 6h$ 外螺纹。

6）用不通孔车刀半精车内圆锥面、 $R2$ 内圆弧面以及 $\phi19$ 内圆柱面。

7）用不通孔车刀精车上述轮廓，并保证尺寸精度。

8）在第2台数控车床上，加工螺纹套，把已加工的零件旋进螺纹套，用90°外圆车刀精车工件右端面，保证长度 $16.5^{+0.2}_{0}$ 。

9）用不通孔车刀半精车30°内圆锥面、内圆柱面。

10）用不通孔车刀精车上述轮廓，保证零件尺寸精度。

（4）刀具选择

根据加工内容所需刀具如图2.4-7所示。考虑该零件为小批量生产，内外粗、精加工使用同一把刀具进行加工，1号为粗、精加工外圆车刀，选用90°菱形外圆车刀，刀具圆弧半径为0.8mm，2号为刀宽2mm的切槽刀，3号为三角螺纹车刀，4号为不通孔车刀。完成内轮廓的粗车与精车。

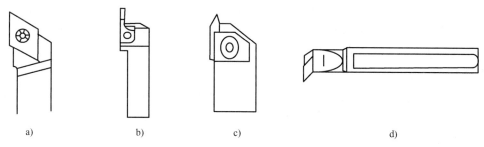

a)　　　　　　　b)　　　　　　　c)　　　　　　　　　　d)

图 2.4-7　加工所需刀具

a) 90°外圆车刀　b) 切槽刀　c) 三角螺纹车刀　d) 不通孔车刀

（5）切削用量选择

根据被加工表面质量要求、刀具材料、工件材料以及机床的刚性，参考切削用量手册或根据刀具厂商提供的参数选取切削速度与进给量，见表2.4-1。

切削深度的选择因粗、精加工而有所不同。粗加工时，在工艺系统刚性和机床功率允许的情况下，尽可能取较大的切削深度，以减少进给次数；精加工时，为保证零件表面粗糙度要求，切削深度一般取 $0.1 \sim 0.4$ mm 较为合适。

一般情况，外圆切削的切削参数比内孔切削参数略大，因为外圆刀具的刚性相对比内孔刀具略高。

表 2.4-1　刀具与切削参数参考表

加工顺序号	刀具			切削参数			精加工余量/mm
	刀具号	刀具名称	刀片材料	切削速度/(mm/min)	进给量/(mm/r)	切削深度/mm	
1	T01	外圆粗车刀	硬质合金	200	0.1		
2	T01	外圆粗车刀	硬质合金	180	0.25		0.4 (X) 0.1 (Z)
3	T01	外圆精车刀	硬质合金	210	0.1		
4	T02	切槽刀	硬质合金	160	0.1		
5	T03	三角螺纹车刀	硬质合金	160			
6	T04	不通孔粗车刀	硬质合金	180	0.25		0.4 (X) 0.1 (Z)
7	T04	不通孔精车刀	硬质合金	210	0.1		
8	T01	外圆精车刀	硬质合金	200	0.1		
9	T04	不通孔粗车刀	硬质合金	180	0.2		0.4 (X) 0.1 (Z)
10	T04	不通孔精车刀	硬质合金	210	0.1		

2. 圆头手柄的加工任务实施

（1）零件图工艺分析

图 2.4-1 所示圆头手柄，由外圆柱面、外圆锥面、圆弧及外螺纹等表面组成，其中多个表面在直径尺寸和轴向尺寸都有较高的尺寸精度，$\phi48_{-0.02}^{0}$、$\phi22_{-0.02}^{0}$ 和圆弧面 3 个表面粗糙度为 $Ra1.6\mu m$，其余加工表面粗糙度为 $Ra3.2\mu m$。零件图尺寸标注完整，符合数控加工尺寸标注要求，轮廓描述清楚完整。零件毛坯为铝料，切削加工性能较好，无热处理和硬度要求，加工数量为单件生产。

通过上述分析，采取以下几点工艺措施。

① 零件图样上带公差的直径尺寸仅有一个，编程时取公称尺寸、上极限偏差、下极限偏差都可以。后续加工时可通过调整刀具磨损补偿来获得零件的尺寸精度。

② 零件毛坯为棒料，粗加工余量较大，所以粗车采用复合循环指令进行编程，以简化程序编制。

③ 因为零件加工性能比较好，刀具磨损也较小，所以粗、精加工采用同一把刀具。

（2）制订圆头手柄的工艺方案

以典型案例为依据，小组成员共同参与，讨论分析圆头手柄的加工工艺，制定工艺方案，根据讨论结果完成实习报告。

（3）零件的程序编制

【参考程序】

程　序	注　释
O4002	程序名
% 4002	程序索引号
T0101	调 1 号外圆车刀,建立坐标系

S800 M03	主轴正转,转速800r/min
G00 X52 Z2	快速到循环点
G71 U2 R1 P1 Q2 X0.4 Z0.1 F120	粗车循环
G00 X80 Z80	回到换刀点
M05	主轴停转
M00	程序暂停
T0101	重新调1号外圆车刀,建立坐标系
S1200 M03	主轴正转,转速1200r/min
G00 X52 Z2	快速到循环点
N1 G00 X0 G42	精加工开始,建立刀具半径右补偿
G01 Z0 F100	
X35.85 C2	
Z-26	
X48 C0.5	
N2 W-12	
G00 X80 Z80 G40	回到换刀点,取消刀具补偿
M05	主轴停转
M00	程序暂停
T0202	调2号切槽刀,建立坐标系
S500 M03	主轴正转,转速500r/min
G00 X50 Z-24	快速到切槽下刀点
G01 X32.2 F40	
X50 F200	
Z-26	
X32 F40	
Z-24	
X37 F200	
G00 X80 Z80	
M05	主轴停转
M00	程序暂停
T0303	调2号螺纹车刀,建立坐标系
M03 S500	主轴正转,转速500r/min
G00 X38 Z5	快速到循环点
G76 C2 A60 X34.2 Z-22 U0.1 V0.1 Q0.4 F1.5 K0.974	
G00 X80 Z80	回到换刀点
M30	程序结束
O4003	程序名
% 4003(掉头车削程序)	程序索引号
T0101	调1号外圆车刀,建立坐标系
S800 M03	主轴正转,转速为800r/min
G00 X52 Z2	快速到循环点
G71 U2 R1 P1 Q2 X0.4 Z0.1 F120	粗车循环
G00 X80 Z80	回到换刀点
M05	主轴停转
M00	程序暂停
T0101	重新调1号外圆车刀,建立坐标系
S1200 M03	主轴正转,转速1200r/min

```
G00 X52 Z2                          快速到循环点
N1 G00 X0 G42                       精加工开始,建立刀具半径右补偿
G01 Z0 F100
G03 X28 Z-34.28 R20
G02 X22 W-7.14 R10
G01 Z-51
X32 W-5
X47
N2 X52 W-2.5
G00 X80
Z80 G40                             回到换刀点,取消刀具补偿
M05                                 主轴停转
M30                                 程序结束
```

（4）技能训练

1）加工准备。

① 检测坯料尺寸。

② 装夹刀具与工件。

90°菱形外圆车刀按要求装于刀架的 T01 号刀位。切槽刀按要求装于刀架的 T02 号刀位。三角形螺纹车刀按要求装于刀架的 T03 号刀位。第一次装夹毛坯伸出卡爪外长度 50mm。

③ 程序输入。

④ 程序模拟。

2）对刀。外圆车刀 T01 采用试切法对刀，把操作得到的数据输入到与 T01 对应的对刀界面刀偏表中；切槽刀 T02 采用与外圆车刀加工完的端面和外圆接触的方法，把操作得到的数据输入到与 T02 对应的对刀界面刀偏表中。

螺纹车刀对刀，使外螺纹车刀的刀尖和工件已加工的端面与外圆的交点处接触，把 0.1 输入到与 T03 对应的对刀界面刀偏表中"试切长度"位置，在"试切直径"数据框中输入操作外圆车刀时测量的直径值。

3）零件的自动加工。将程序调到开始位置，首次加工选择单段运行模式，快速进给倍率调整为 25%，粗加工正常运行一个循环后，选择自动加工模式，调好进给倍率 100%，按数控车床循环启动按钮进行自动加工。

4）零件加工过程中的尺寸控制。

① 对好刀后，按循环启动按钮执行零件粗加工。

② 粗加工完成后用千分尺测量外圆直径。

③ 修改磨损（若实测尺寸比编程尺寸大 0.5mm，则 X 磨损参数设为 -0.1，若实测尺寸比编程尺寸大 0.4mm，则 X 磨损参数设为 0，若实测尺寸比编程尺寸大 0.3mm，则 X 磨损参数设为 0.1），在修改磨损时考虑中间公差，中间公差一般取中值。

④ 自动加工执行精加工程序段。

⑤ 测量（若测量尺寸仍大，继续修调）。

⑥ 螺纹检测。若螺纹环规通过端 T 旋不进去，可修改磨损值，修改方法同外轮廓精度控制方法一样。

（5）零件检测与评分

加工完成后对零件进行尺寸检测，并把检测结果写在表 2.4-2 中。

表 2.4-2　零件质量评分表

序　号	检查项目	配　分	评分标准	扣　分	得　分
1	$\phi22\,_{-0.02}^{\,0}$	16	每超差 0.01mm 扣 2 分		
2	$\phi48\,_{-0.02}^{\,0}$	16	每超差 0.01mm 扣 2 分		
3	92 ± 0.05	10	每超差 0.01mm 扣 1 分		
4	10 ± 0.05	10	每超差 0.01mm 扣 1 分		
5	$M36\times1.5-6g$	10	超差不得分		
6	槽（6×2）	4	超差不得分		
7	$R10$ 和 $R20$ 过渡光滑	8	按过渡光滑程度给分		
8	倒角（3 处）	6	错漏一处扣 2 分		
9	$Ra3.2\mu m$	5	降级不得分		
10	$Ra1.6\mu m$	5	降级不得分		
11	安全文明生产	10	1. 遵守机床安全操作规程 2. 刀具、工具、量具放置规范 3. 进行设备保养，场地整洁		
12	工时定额（3h）	—	不允许超时（每超时 10min 扣 5 分）	—	—
成　绩					

（6）加工结束，清理机床

每天加工结束后，整理工量具，清除机床切屑，做好机床的日常保养和实习车间的卫生，养成良好的文明生产习惯。

【拓展知识】

下面以一个例子介绍多槽的编程方法。

【例 4-3】　多槽车削如图 2.4-8 所示零件，槽深 2mm，用子程序编制切槽程序。

【参考程序】（切槽刀采用 G54 对刀）

程　序	注　释
O4004	程序名
% 4004	程序索引号
T01	调 1 号切槽刀
G54 G00 X80 Z80	建立坐系系，到程序起点位置
G97 S450 M03	主轴正转，转速 450r/min
G96 S100	恒线速有效，线速度 100m/min
G00 X53 Z0	切槽刀快速到切削起点处
M98 P0020 L3	调用子程序，循环 3 次
G00 X80 Z80	回到换刀点
M05	主轴停转

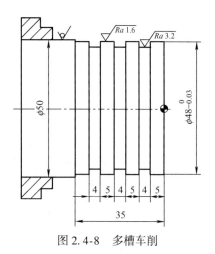

图 2.4-8　多槽车削

M30	程序结束
%0020	子程序名
G00 W-9	增量编程到切削起点
G01 U-7 F40	加工第1个槽ϕ46
G04 P2	暂停2s
G01 U7	退离已加工表面
M99	子程序结束,返回主程序

【注意】

① 采用子程序编程时须用增量形式。

② 在数控机床上车槽,与普通机床所使用的刀具与方法基本相同。一次车槽的宽度取决于切槽刀的宽度,宽槽可以用多次排刀法切削,但在 Z 向退刀时移动距离应小于刀头的宽度,刀具从槽底退出时必须沿 X 轴完全退出,否则将发生碰撞。另外,槽的形状取决于切槽刀的形状。

③ 使用恒线速(**G96**)之后,一定使用恒转速(**G97**)取消,以防损坏机床。

 思维拓展:分体宝葫芦的设计与加工

分体宝葫芦的加工工艺设计与实施,如图 2.4-9 所示,要求根据个人兴趣设计典型内、外螺纹配合零件加工工艺并实施。

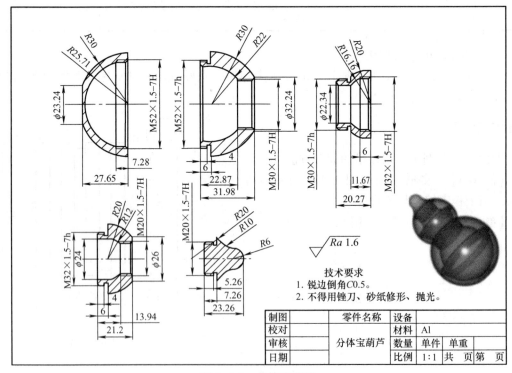

图 2.4-9　分体宝葫芦

【自测题】

1. 选择题（请将正确答案的序号填写在题中的括号内）

（1）在精车削圆弧面时，应（　　）进给速度以提高表面粗糙度。

（A）增大　　　　　（B）不变　　　　　（C）减小　　　　　（D）以上均不对

（2）用90°外圆车刀从尾座朝卡盘方向走刀车削外圆时，刀具半径补偿存储器中刀尖方位号须输入（　　）值。

（A）1　　　　　　（B）2　　　　　　（C）3　　　　　　（D）4

（3）（　　）的结构特点是直径大、长度短。

（A）轴类零件　　　（B）箱体零件　　　（C）薄壁零件　　　（D）盘类零件

（4）平行度、同轴度同属于（　　）公差。

（A）尺寸　　　　　（B）形状　　　　　（C）位置　　　　　（D）垂直度

（5）下面说法不正确的是（　　）。

（A）进给量越大表面 Ra 值越大

（B）工件的装夹精度影响加工精度

（C）工件定位前须仔细清理工件和夹具定位部位

（D）通常精加工时的 F 值大于粗加工时的 F 值

（6）车床在自动循环工作中，按进给保持按钮，车床刀架运动暂停，循环启动灯灭，"进给保持"灯亮，按循环启动按钮可以（　　）保持，使车床继续工作。

（A）运行　　　　　　　　　　　（B）暂停

（C）解除　　　　　　　　　　　（D）删除

（7）表面质量对零件的使用性能的影响不包括（　　）。

（A）耐磨性　　　　　　　　　　（B）耐腐蚀性

（C）导电能力　　　　　　　　　（D）疲劳强度

（8）数控机床发生故障后操作人员首先应（　　）。

（A）立即报告维修人员　　　　　（B）立即切断电源

（C）设法保持现状　　　　　　　（D）动手排除

（9）标准公差共分（　　）个等级，其中 IT18 级公差带代号，6g 表示大径公差带代号。

（A）12　　　　　　（B）18　　　　　　（C）20　　　　　　（D）16

（10）对公称尺寸进行标准化是为了（　　）。

（A）简化设计过程

（B）便于设计时的计算

（C）方便尺寸的测量

（D）简化定值刀具、量具、型材和零件尺寸的规格

2. 判断题（请将判断结果填入括号中，正确的填"√"，错误的填"×"）

（　　）（1）无论气温高低，只要零件的实际尺寸介于上、下极限尺寸之间，就能判断其为合格。

（　　）（2）为了减少刀具磨损，刀具前角应大些。

（　　）（3）车削时，走刀次数取决于进给速度。

（　　）（4）零件图中的尺寸标注要求是完整、正确、清晰、合理。

（　　）（5）检查加工零件尺寸时应选精度高的测量器具。

（　　）（6）安装刀具时，刀具的刃必须等高于主轴旋转中心。

（　　）（7）积屑瘤在精加工时要设法避免，但对粗加工有一定的好处。

（　　）（8）数控机床工作时，当发生任何异常现象需要紧急处理时应启动程序停止功能。

（　　）（9）加工零件的表面粗糙度小要比大好。

（　　）（10）外圆粗车循环方式适合于加工棒料毛坯去除较大余量的切削。

3. 简答题

（1）内外轮廓集一体零件的加工特点是什么？

（2）车削内外轮廓集一体零件的加工要点有哪些？

（3）内螺纹车刀的安装方法是什么？

（4）车削内螺纹时常见问题有哪些？

4. 能力训练

如图 2.4-10 所示的汽车吊分油器阀芯零件，工件毛坯尺寸为 $\phi55mm \times \phi10mm \times 63mm$ 以及 $\phi55mm \times 30mm$，材料为 45 钢，该零件的生产类型为批量生产，要求设计数控加工工艺方案，编制数控加工程序。

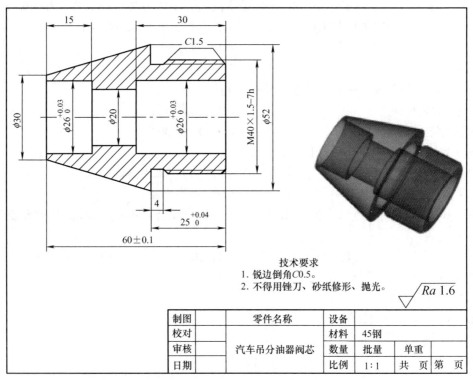

技术要求
1. 锐边倒角C0.5。
2. 不得用锉刀、砂纸修形、抛光。

√ Ra 1.6

制图		零件名称	设备			
校对			材料	45钢		
审核		汽车吊分油器阀芯	数量	批量		单重
日期			比例	1:1	共　页	第　页

图 2.4-10　汽车吊分油器阀芯

子项目4.2 非圆曲线类零件的加工

知识目标：

1. 了解零件图需要读取的内容。
2. 了解金属切削刀具的几何参数及切削加工的基本运动。
3. 掌握数控刀具的选择与夹具的装夹方法。
4. 了解华中世纪星 HNC – 21T 数控系统宏程序的概念及编程方法。

能力目标：

1. 能根据所加工的零件正确地选用夹具。
2. 能合理地确定切削用量和切削加工进给路线。
3. 能应用宏程序完成非圆曲线的程序编制。

【项目导入】

加工如图 2.4-11 所示工程车等加速喷嘴，工件毛坯尺寸 φ50mm×65mm，材料为45钢，该零件的生产类型为小批量生产，要求设计数控加工工艺方案，编制数控加工程序并完成零件的加工。

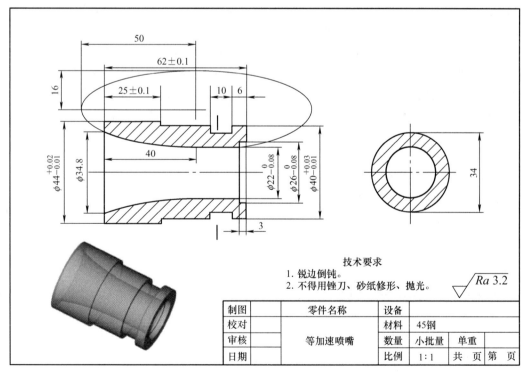

图 2.4-11　工程车等加速喷嘴

【相关知识】

1. 宏程序编制基础简介

用户把实现某种功能的一组指令像子程序一样存入存储器，用一个指令代表其存储功能，使用时在程序中只要指定该指令就能实现其功能。把存入的这一组指令称为用户宏程序，把调用用户宏程序的指令称为用户宏程序调用指令，称为宏指令。

华中世纪星 HNC - 21T 数控系统为用户配备了类似于高级语言的宏程序功能，用户可以使用变量进行算术运算、逻辑运算和函数的混合运算，根据循环语言、分支语言和子程序调用语言等，编制各种复杂的零件加工程序，减少了手工编程时进行的数值计算及精简程序等工作。

（1）宏程序编程的适用范围

1）宏程序指令适合抛物线、椭圆、双曲线等没有插补指令的数控车床的曲线手工编程。

2）适合图形相同，只是尺寸不同的系列零件的编程。

3）适合工艺路径相同，只是位置参数不同的系列零件的编程。

4）有利于零件的简化编程。

（2）宏变量及常量

1）宏变量。变量由 "#" 号与跟随其后的变量号组成。变量间可以运算，也可以给变量赋值。

根据变量性质的不同，变量分为用户变量和系统变量。用户变量是编程者可以使用的变量；系统变量是编写系统程序使用的变量。

用户变量又分为全局变量和局部变量。全局变量在主程序以及由主程序调用的各用户宏程序中是公用的，即某一用户宏程序中的变量（如#100）和其他宏程序使用的（如#100）是相同的。局部变量只在一个程序中有效，而且使用时首先要对其进行赋值，华中 HNC - 21T 的局部变量为#1 ~ #49。

2）常量。

PI：圆周率 π。

TRUE：条件成立（真）。

FALSE：条件不成立（假）。

3）变量的格式与引用。

格式：

$\#i \ (i = 1, 2, 3, \cdots)$

变量的引用：用变量可以替换地址后续的数值，如#100。注意地址 O 和 N 不能引用变量。

（3）运算符与表达式

宏程序具有算术运算、逻辑运算和函数运算等功能。

1）算术运算符：+、-、*、/。

2）条件运算符：EQ（=）、NE（≠）、GT（>）、GE（≥）、LT（<）、LE（≤）。

3）逻辑运算符：AND、OR、NOT。

4）函数：SIN、COS、TAN、ATAN、ATAN2、ABS、INT、SIGN、SQRT、EXP。

5）表达式：用运算符连接起来的常数、宏变量构成表达式。

例如：

```
175/SQRT[2]* COS[55* PI/180];
    #3* 6  GT  14;
```

（4）赋值

宏程序的赋值功能就是把常数或表达式的值送给一个宏变量。

例如：

```
#2 =175/SQRT[2];
#3 = COS[55* PI/180];
#4 =124.0;
```

（5）使用语句

1）控制语句。

格式：

```
IF 条件表达式
…
ELSE
…
ENDIF
```

例如：

```
IF  #1  GT  4
G01 W1  F100
ELSE  G01 U5 F100
#1 = #1 +1
ENDIF
```

2）重复循环语句

格式：

```
WHILE 条件表达式
…
ENDW
```

【注意】

① 变量使用应注意其用户可用的变量，防止使用系统变量造成系统参数被修改而产生严重后果。

② 地址 **O** 和 **N** 不能引用变量，如不能用 **O#100**、**N#120** 编程。

③ 明确全局变量与局部变量之间的关系，以及子程序与主程序之间的传递方式。

④ 条件表达式是一个逻辑表达式，结果为 **TRUE** 或 **FALSE**。

⑤ 嵌套语句、条件控制语句成对使用，否则不执行或报警。语句可以嵌套，但要注意嵌套的层数，一般不超过 **4** 层。

2. 非圆曲线编程举例

（1）抛物线编程举例

【例4-4】 如图2.4-12所示为抛物线零件图，试用华中世纪星数控系统完成零件的程序编制。

1）宏程序编制一般过程。

① 确定变量以及变量的取值范围。用变量#1表示 X 坐标，取值范围 $0 \sim 16$。

② 确定动点的坐标。$X = 2 * \#1$（直径值编程），$Z = -\#1 * \#1/16$。

③ 确定步距，变量重新赋值。$\#1 = \#1 + 0.05$。

具体编程步骤如下：

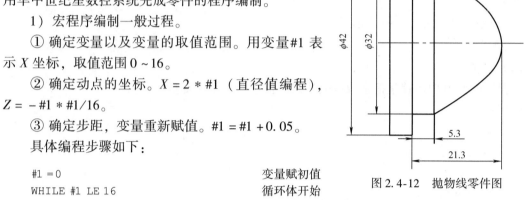

图2.4-12 抛物线零件图

```
#1 = 0                                    变量赋初值
WHILE #1 LE 16                            循环体开始
G64 G01 X[2* #1] Z[-#1* #1/16 ] F120      动点坐标
#1 = #1 +0.05                             确定步距,变量重新赋值
ENDW                                      循环体结束
```

2）抛物线零件精车程序。

程 序	注 释
O4005	程序名
% 4005	程序索引号
T0101	调1号外圆车刀,建立坐标系
S1000 M03	主轴正转,转速1000r/min
G00 X45 Z2	快速到循环点
#1 = 0	把数值0赋给变量#1
WHILE #1 LE 16	循环条件
G64 G01 G42 X[2* #1] Z[-#1* #1/16] F120	
#1 = #1 +0.05	步长为0.05mm
ENDW	
G01 X32 Z-16	
Z-21.3	
G00 X80 Z80 G40	回到换刀点,取消刀具补偿
M30	程序结束

3）利用内（外）径复合车削循环指令G71完成抛物线零件的粗、精加工程序编制。

程 序	注 释
O4006	程序名
% 4006	程序索引号
T0101	调1号外圆车刀,建立坐标系
S800 M03	主轴正转,转速800r/min
G00 X45 Z2	快速到循环点
G71 U2 R1 P1 Q2 X0.4 Z0.1 F150	粗车循环
G00 X80 Z80	回到换刀点
M05	主轴停转
M00	程序暂停

```
T0101                              重新调 1 号外圆车刀,建立坐标系
S1000 M03                          精车转速 1000r/min
G00 X45 Z2                         快速到循环点
N1 G00 X0 G42                      精加工开始,建立刀具半径右补偿
#1 = 0                             把数值 0 赋给变量#1
WHILE #1 LE 16                     循环条件
G64 G01 X[2* #1] Z[ - #1* #1/16] F120
#1 = #1 + 0.05
ENDW
G01 X32 Z - 16
N2 Z - 21.3
G00 X80 Z80 G40                    回到换刀点,取消刀具补偿
M30                                程序结束
```

（2）椭圆程序编制举例

【例4-5】 如图 2.4-13 所示为椭圆零件图，试用华中世纪星数控系统完成零件的程序编制。

1）椭圆相关知识。

椭圆极坐标方程 $\begin{cases} x = 2a \cdot \sin\theta \\ z = b \cdot \cos\theta \end{cases}$

式中 a——X 向椭圆半轴长；

b——Z 向椭圆半轴长；

θ——椭圆上某点的圆心角，零角度为 Z 轴正向。

【注意】华中世纪星数控车床只识别弧度，不识别角度。

2）宏程序编制一般过程。

① 确定变量以及变量的取值范围。用变量#1 表示弧度，取值范围 0 ~ PI/2。

② 确定动点的坐标。X = 32 * SIN#1，Z = 20 * COS#1 - 20。

③ 确定步距，变量重新赋值。#1 = #1 + PI/180。

具体编程步骤如下：

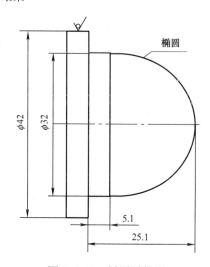

图 2.4-13 椭圆零件图

```
#1 = 0                             变量赋初值
WHILE #1 LE PI/2                   循环体开始
G01 X[32* SIN#1] Z[20^ COS#1 - 20] F120   动点坐标
#1 = #1 + PI/180                   确定步距,变量重新赋值
ENDW                               循环体结束
```

3）利用内（外）径复合车削循环指令 G71 完成椭圆零件的粗、精加工程序编制。

```
程  序                             注  释
O4007                             程序名
% 4007                            程序索引号
T0101                             调 1 号外圆车刀,建立坐标系
S800 M03                          主轴正转,转速 800r/min
G00 X45 Z2                        快速到循环点
```

```
G71 U2 R1 P1 Q2 X0.4 Z0.1 F150          粗车循环
G00 X80 Z80                             回到换刀点
M05                                     主轴停转
M00                                     程序暂停
T0101                                   重新调1号外圆车刀,建立坐标系
S1000 M03                               精车转速1000r/min
G00 X45 Z2                              快速到循环点
N1 G01 X0 Z0 G42                        精加工开始,建立刀具半径右补偿
#1 = 0                                  初始角度为0°
WHILE #1 LE PI/2                        循环条件
G01 X[32 * SIN#1] Z[20 * COS#1 - 20] F100
#1 = #1 + PI/180                        步长为1度
ENDW
G01 X32 Z - 20
N2 G01 W - 5.1
G00 X80 Z80 G40
M30
```

（3）风筝线板曲线轮廓编程举例

【例4-6】 如图2.4-14所示为风筝线板零件图，试用华中世纪星数控系统完成零件的程序编制。

1）图样分析。

该正弦曲线由两个周期曲线组成，度数取值范围为90°~810°。将该曲线分成1000条线段后，用直线进行拟合，每段直线在 Z 轴方向的间距为0.04mm，对应正弦曲线的角度增加720°/1000。根据公式，计算出曲线上每一线段终点的 X 坐标值，$X = 34 + 6 * SIN\alpha$。

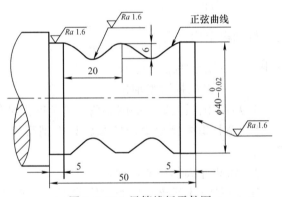

图2.4-14 风筝线板零件图

2）参考程序。

```
#1 = 90
#2 = -5
WHILE #1 LE 810                          循环条件
G01 X[34 + 6* SIN[#1* PI/180]]Z[#2] F100
#1 = #1 + 720/1000
#2 = #2 - 40/1000
ENDW
N2 G01 Z -50
G00 X80 Z80 G40                          回到换刀点,取消刀具补偿
M30                                      程序结束
```

【项目实施】

1. 工程车等加速喷嘴的工艺分析

(1) 零件图工艺分析

图2.4-11所示工程车等加速喷嘴,由内外圆柱面、内椭圆面等表面组成,其中多个表面在直径尺寸和轴向尺寸都有较高的尺寸精度,全部表面粗糙度为 $Ra3.2\mu m$。零件图尺寸标注完整,符合数控加工尺寸标注要求,轮廓描述清楚完整。零件毛坯材料为45钢,切削加工性能较好,无热处理和硬度要求,加工数量为小批量生产。

通过上述分析,采取以下几点工艺措施。

① 零件图样上带公差的尺寸,由于公差带大小一致,编程时取公称尺寸、上极限偏差、下极限偏差都可以。后续加工时可通过调整刀具磨损补偿来获得零件的尺寸精度。

② 零件毛坯为45钢,但粗加工余量较大,所以,粗车采用复合循环指令进行编程,以简化程序编制。

③ 为了提高工件质量以及减小刀具费用,外轮廓粗、精加工采用两把刀具。

(2) 确定装夹方案

本任务采用二次装夹工件,因为是小批量,零件的装夹要尽量选用已有的通用夹具装夹,第1次装夹时,采用自定心卡盘夹持工件,棒料伸出卡爪外35mm,完成零件左端面、内椭圆面和 $\phi44$ 外圆柱面及 $C0.5$ 倒角的粗、精加工,同时设置第1个工件坐标原点(工件左端面与主轴中心线交点处)。

第2次装夹时,用自定心卡盘夹持 $\phi44$ 外圆柱面,完成 $\phi40$ 外圆柱面、$\phi22$ 和 $\phi26$ 内圆柱面、$C0.5$ 倒角及槽的粗、精加工,同时设置第2个工件坐标原点(工件右端面与主轴中心线交点处)。

(3) 确定加工顺序及走刀路线

加工顺序按由内到外、由粗到精、由近到远的原则确定,在一次装夹中尽可能加工出较多的工件表面。结合本零件的结构特征,可先加工外轮廓表面,再加工内孔各表面。由于该零件为小批量生产,走刀路线设计必须考虑最短进给路线或最短空行程路线。换刀点的选择能满足刀具和工件不发生干涉即可,不必设在离工件太远处,循环点选择也要接近毛坯。

加工顺序安排如下:

1) 在数控车床上用自定心卡盘夹持工件毛坯外圆,棒料伸出卡爪35mm,用93°外圆粗

车刀手动平右端面。

2）用麻花钻钻 ϕ20 孔有效深度至通孔。

3）粗车 C0.5 倒角、$\phi44^{+0.02}_{-0.01}$ 外圆柱面，长度至 27mm。

4）精车上述轮廓。

5）粗镗左侧内椭圆面。

6）精镗上述轮廓。

7）掉头装夹，用 93°外圆车刀手动平端面，保证总长。

8）粗车 C0.5 倒角、$\phi40^{+0.03}_{-0.01}$ 外圆柱面。

9）精车上述轮廓。

10）切削退刀槽。

11）粗镗 $\phi22^{\ 0}_{-0.08}$ 和 $\phi26^{\ 0}_{-0.08}$ 内圆柱面、C0.5 倒角。

12）精镗上述轮廓。

（4）刀具选择

根据加工内容所需刀具如图 2.4-15 所示。考虑该零件为小批量生产，外轮廓粗、精加工使用两把刀具，外圆车刀选用 93°菱形外圆车刀，粗加工刀具圆弧半径为 0.8mm，精加工刀具圆弧半径为 0.4mm，内孔刀选用有断屑槽的 93°不通孔镗刀，切槽刀刀宽为 4mm。

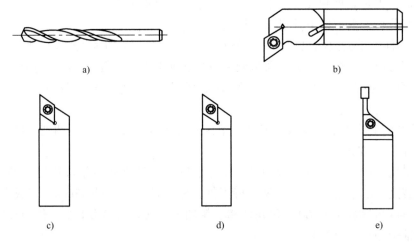

图 2.4-15　加工所需刀具

a）ϕ20mm 麻花钻　b）不通孔粗、精镗刀　c）93°外圆粗车刀　d）93°外圆精车刀　e）切槽刀

（5）切削用量选择

根据被加工表面质量要求、刀具材料、工件材料以及机床的刚性，参考切削用量手册或根据刀具厂商提供的参数选取切削速度与进给量，见表 2.4-3。

切削深度的选择因粗、精加工而有所不同。粗加工时，在工艺系统刚性和机床功率允许的情况下，尽可能取较大的切削深度，以减少进给次数；精加工时，为保证零件表面粗糙度要求，切削深度一般取 0.1~0.4mm 较为合适。

一般情况，外圆切削的切削参数比内孔切削参数略大，因为外圆刀具的刚性相对比内孔刀具略高。

表 2.4-3 刀具与切削参数参考表

加工顺序号	刀具			切削参数			精加工余量/mm
	刀具号	刀具名称	刀片材料	主轴转速/(r/min)	进给速度/(mm/min)	切削深度/mm	
1	T00	φ20mm 麻花钻	高速钢	300	手工操作		
2	T01	外圆粗车刀	硬质合金	800	150	1.5	0.4 (X) 0.1 (Z)
3	T02	外圆精车刀	硬质合金	1000	100	0.4	
4	T03	不通孔粗镗刀	硬质合金	800	120	1	0.4 (X) 0.1 (Z)
5	T03	不通孔精镗刀	硬质合金	1000	100	0.4	
6	T01	外圆粗车刀	硬质合金	800	150	1.5	0.4 (X) 0.1 (Z)
7	T02	外圆精车刀	硬质合金	1000	100	0.4	
8	T04	切槽刀	硬质合金	500	30	3	
9	T03	不通孔粗镗刀	硬质合金	800	120	1	0.4 (X) 0.1 (Z)
10	T03	不通孔精镗刀	硬质合金	1000	100	0.4	

2. 工程车等加速喷嘴的加工任务实施

（1）零件的程序编制

【参考程序】

程　序	注　释
O4009	程序名
％4009	程序索引号
T0101	调1号外圆车刀,建立坐标系
S800 M03	主轴正转,转速800r/min
G00 X50 Z2	快速到循环点
G71 U1.5 R1 P1 Q2 X0.4 Z0.1 F150	粗车循环
G00 X80 Z80	回到换刀点
M05	主轴停转
M00	程序暂停
T0202	调2号外圆车刀,建立坐标系
S1000 M03	精车转速1000r/min
G00 X50 Z2	快速到循环点
N1 G00 X18 G42	精加工开始,建立刀具半径右补偿
G01 Z0 F100	
X44 C0.5	
N2 Z-27	
G00 X50 Z80 G40	取消刀具补偿
M05	主轴停转
M00	程序暂停
T0303	调3号内孔刀,建立坐标系
S800 M03	主轴正转,转速800r/min

```
G00 X18 Z5                                      快速到循环点
G71 U1 R0.5 P3 Q4 X-0.4 Z0.1 F120               粗车循环
G00 Z80
X80
M05                                             主轴停转
M00                                             程序暂停
T0303                                           重新调3号内孔刀,建立坐标系
S1000 M03                                       主轴正转,转速1000r/min
G00 X18 Z5                                       快速到循环点
N3 G00 X34.8 G41                                精加工开始,建立刀具半径补偿
G01 Z0 F100
#1=ATAN2(40,9.6)                                加工椭圆
WHILE #1 LE PI/2
G01 X[54-32*SIN #1] Z[50*COS #1-50] F100
#1=#1+PI/180
ENDW
N4 G01 X22 Z-41
G00 Z80 G40                                      取消刀具补偿
X80                                             回到换刀点
M30                                             程序结束
```

程　序	注　释
O4010 (掉头车削程序)	程序名
％4010	程序索引号
T0101	调1号外圆车刀,建立坐标系
S800 M03	主轴正转,转速800r/min
G00 X50 Z2	快速到循环点
G71 U1.5 R1 P1 Q2 X0.4 Z0.1 F150	粗车循环
G00 X80 Z80	回到换刀点
M05	主轴停转
M00	程序暂停
T0202	调2号外圆车刀,建立坐标系
S1000 M03	精车转速1000r/min
G00 X50 Z2	快速到循环点
N1 G00 X18 G42	精加工开始,建立刀具半径右补偿
G01 Z0 F100	
X40 C0.5	
Z-37	
X43	
N2 X46 Z-38	
G00 X50 Z80 G40	取消刀具补偿
M05	主轴停转
M00	程序暂停
T0404	调4号切槽刀,建立坐标系
S500 M03	主轴正转,转速500r/min
G00 X42 Z-10	快速到循环点
G01 X34.2 F30	
G00 X42	

```
Z-13
G01 X34.2 F30
G00 X42
Z-16
G01 X34 F30
Z-10
G00 X50
Z80
M05                                    主轴停转
M00                                    程序暂停
T0303                                  调3号内孔刀,建立坐标系
S800 M03                               主轴正转,转速800r/min
G00 X18 Z5                             快速到循环点
G71 U1 R0.5 P3 Q4 X-0.4 Z0.1 F120     粗车循环
G00 Z80
X80
M05                                    主轴停转
M00                                    程序暂停
T0303                                  重新调3号内孔刀,建立坐标系
S1000 M03                              主轴正转,转速1000r/min
G00 X18 Z5                             快速到循环点
N3 G00 X26 G41                         精加工开始,建立刀具半径补偿
G01 Z-3 F100
X22 C0.5
Z-24
N4 X18
G00 Z80 G40                            取消刀具补偿
X50
M05                                    主轴停转
M30                                    程序结束
```

（2）技能训练

1）加工准备。

① 检测坯料尺寸。

② 装夹刀具与工件。

外圆粗车刀按要求装于刀架的 T01 号刀位。外圆精车刀按要求装于刀架的 T02 号刀位。内孔粗、精车刀按要求装于刀架的 T03 号刀位。切槽刀按要求装于刀架的 T04 号刀位。第一次装夹毛坯伸出卡爪外长度为 35mm。

③ 程序输入。

④ 程序模拟。

2）对刀。

① 外圆粗车刀 T01 采用试切法 Z 向对刀时，先移动刀具手动切削工件右端面，再沿 X 向退刀，将右端面与加工原点距离 0 输入与 T01 对应的对刀界面刀偏表中"试切长度"位置。

T01 采用试切法 X 向对刀时，只需要把外圆粗车刀试切一段台阶，然后刀具沿 Z 向退刀

后，停转主轴，测量工件试切直径，然后在对刀界面刀偏表中相应刀号的"试切直径"位置输入试切直径数值。

外圆精车刀 T02 采用与外圆粗车刀加工完的端面和外圆接触的方法，把操作得到的数据输入到与 T02 对应的对刀界面刀偏表中。

② 内孔粗、精车刀 Z 向对刀采用与外圆粗车刀加工完的端面接触的方法，并把 0 输入到与 T03 对应的对刀界面刀偏表中。

内孔粗、精车刀 T03 采用试切法 X 向对刀时，需要在内圆柱面上切削一段台阶，输入的数值是试切的内孔直径值。

③ 切槽刀 T04 采用与外圆粗车刀加工完的端面和外圆接触的方法，把操作得到的数据输入到与 T04 对应的对刀界面刀偏表中。

3）零件的自动加工。将程序调到开始位置，首次加工选择单段运行模式，快速进给倍率调整为 25%，粗加工正常运行一个循环后，选择自动加工模式，调好进给倍率 100%，按数控车床循环启动按钮进行自动加工。

4）零件加工过程中尺寸控制。外圆柱面尺寸控制和内圆柱面尺寸控制方法按照前面任务中方法进行。

（3）零件检测与评分

加工完成后对零件进行尺寸检测，并把检测结果写在表 2.4-4 中。

表 2.4-4　零件质量评分表

序　号	检查项目	配　分	评分标准	扣　分	得　分
1	$\phi 44^{+0.02}_{-0.01}$	10	每超差 0.01mm 扣 1 分		
2	$\phi 40^{+0.03}_{-0.01}$	10	每超差 0.01mm 扣 1 分		
3	$\phi 26^{0}_{-0.08}$	10	每超差 0.01mm 扣 2 分		
4	$\phi 22^{0}_{-0.08}$	10	每超差 0.01mm 扣 2 分		
5	62 ± 0.1	10	每超差 0.01mm 扣 1 分		
6	25 ± 0.1	10	每超差 0.01mm 扣 1 分		
7	椭圆	15	按表面及形状酌情给分		
8	倒角（5 处）	10	错漏一处扣 2 分		
9	$Ra3.2\mu m$	5	降级不得分		
10	安全文明生产	10	1. 遵守机床安全操作规程 2. 刀具、工具、量具放置规范 3. 进行设备保养，场地整洁		
11	工时定额（3h）	—	不允许超时（每超时 10min 扣 5 分）		—
成　绩					

（4）加工结束，清理机床

每天加工结束后，整理工量具，清除机床切屑，做好机床的日常保养和实习车间的卫生，养成良好的文明生产习惯。

【拓展知识】

1. FANUC 0i 系统数控车床程序编制基础

（1）FANUC 0i 系统基本编程代码

FANUC 0i 系统和华中 HNC－21T 系统的编程代码基本一致，两者只是在特殊功能的代码格式上有所区别，见表 2.4-5。

表 2.4-5　华中 HNC－21T 系统和 FANUC 0i 系统代码区别表

华中 HNC－21T 系统	FANUC 0i 系统
G80 X(U)__　Z(W)__　F__	G90 X(U)__　Z(W)__　F__
G81 X(U)__　Z(W)__　F__	G94 X(U)__　Z(W)__　F__
G82 X(U)__　Z(W)__　R__　E__　C__　P__　F__	G92 X(U)__　Z(W)__　F__
G71 U(Δd) R(r) P(n_s) Q(n_f) X(Δx) Z(Δz) F(f) S(s) T(t)	G71 U(Δd) R(e) G71 P(n_s) Q(n_f) U(Δu) W(Δw) F(f) S(s) T(t)
G72 W(Δd) R(r) P(n_s) Q(n_f) X(Δx) Z(Δz) F(f) S(s) T(t)	G72 W(Δd) R(e) G72 P(n_s) Q(n_f) U(Δu) W(Δw) F(f) S(s) T(t)
G73 U(ΔI) W(Δk))R(r) P(n_s) Q(n_f) X(Δx) Z(Δz) F(f) S(s) T(t)	G73 U(Δi) W(Δk) R(Δd) G73 P(n_s) Q(n_f) U(Δu) W(Δw) F(f) S(s) T(t)
	G70 P(n_s)Q(n_f)　　精加工循环指令
G76 C(c) R(r) E(e) A(a) X(x) Z(z) I(i) K(k) U(d) V(Δdmin) Q(Δd) P(p) F(L)	G76 P(m) (r) (a) Q(Δdmin) R(d) G76 X(U) Z(W)R(i) P(k) Q(Δd) F
WHILE 条件表达式 … ENDW	WHILE [条件表达式] DOm … ENDm 注:m=1,2,3…

（2）FANUC 0i 系统案例分析

【例 4-7】　如图 2.4-16 所示螺纹轴零件，材料为 45 钢，毛坯直径为 $\phi 40 \text{mm}$，单件生产，试分析其数控车削加工工艺过程。

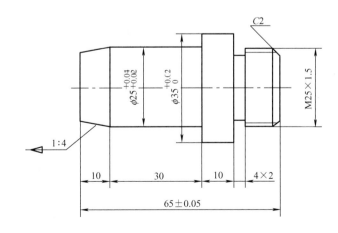

图 2.4-16　螺纹轴零件图

1）零件图工艺分析。

该零件结构简单，由外圆柱面、锥面、空刀槽以及外螺纹构成，其中直径尺寸与轴向尺寸都有较高的尺寸精度要求。零件材料为 45 钢，切削加工性能较好，没有热处理和硬度要求。

通过上述分析，采取以下几点工艺措施。

① 零件图样上带公差的尺寸，由于公差带大小不一致，编程时取平均值。

② 根据零件图工艺分析，该零件需要掉头装夹。

③ 由于零件右端有外螺纹加工内容，左端需加工较长外圆柱面，所以先加工左端，再掉头装夹已经加工好的外圆柱面，加工右端。

2）确定装夹方案。

采用自动定心卡盘夹紧左端。

3）确定加工顺序及走刀路线。

加工顺序按照由内到外、由粗到精、由近到远的原则确定，在一次加工中尽可能的加工出来较多的表面。考虑该零件为单件生产，走刀路线设计不必考虑最短进给路线或者最短空行程路线，外轮廓表面车削走刀路线可沿着零件轮廓顺序进行。

4）刀具的选择。

根据零件经过两次装夹的加工内容，选择 93°硬质合金右手偏刀、刀宽为 4mm 的切槽刀以及螺距为 1.5mm 的外螺纹车刀。

5）切削用量的选择。

切削用量的选择一般根据毛坯的材料、转速、进给速度、刀具的刚度等因素选择。

6）拟定数控加工工艺卡。

根据前面分析的结果制订数控加工工艺卡片。

7）加工程序。

根据零件图编写程序如下（FANUC 0i）：

第 1 次装夹	第 2 次装夹
%	%
O00001;	O00002;
T0101;　　　　　　　外圆车刀	T0202;　　　　　　　切槽刀（刀宽 4mm）
S900 M03;	S500 M03;
G00 X42 Z4;	G00 X37;
G71 U2 R1;	Z-15;
G71 P1 Q2 U0.4 W0.1 F0.2;	G01 X21 F0.05;
N1 G00 X0 G42;	G01 X37;
G01 Z0 F0.1;	G00 X80 Z80;
X22.5;	M05;
X25 Z-10;	M00;
Z-40;	T0101;　　　　　　　外圆车刀
N2 X42;	S900 M03;
G00 X80 Z80 G40;	G00 X42 Z4;
M05;	G71 U2 R1;
M00;	G71 P1 Q2 U0.4 W0.1 F0.2;

```
T0101;                          N1 G00 X0 G42;
S1800 M03;                      G01 Z0 F0.1;
G00 X42 Z4;                     X24.8 C1.5;
G70 P1 Q2;                      Z-15;
G00 X80 Z80 G40;                X35 C0.3;
M30;                            N2 Z-28;
%                               G00 X80 Z80 G40;
                                M05;
                                M00;
                                T0101;
                                S1800 M03;
                                G00 X42 Z4;
                                G70 P1 Q2;
                                G00 X80 Z80 G40;
                                M05;
                                M00;
                                T0303;          螺纹车刀
                                G00 X28 Z5;
                                G92 X24 Z-12 F1.5;
                                    X23.5;
                                    X23.3;
                                    X23.2;
                                G00 X80 Z80;
                                M05;
                                M30;
                                %
```

2. SIEMENS 802D 系统数控车床程序编制基础

（1）基本编程指令

1）直径值编程和半径值编程指令。

直径值编程模式指令 DIAMON，为系统设定的初始模式。

半径值编程模式指令 DIAMOF，可以取消 DIAMON 编程模式。

2）绝对值编程和增量值编程指令。

绝对值编程指令 G90。表示坐标系中目标点的坐标尺寸，编程的基准点是相对于工件坐标原点而言的，该指令既是系统设定的初始模式，又是模态指令。

增量值编程指令 G91。表示待运行的位移量，编程的基准点是相对于前一点而言的，模态指令，可以取消 G90 编程模式。

除此以外，还可以在程序段中通过 AC/IC 以绝对尺寸/相对尺寸方式进行设定。

X = AC(…)：X 轴以绝对尺寸输入，程序段方式只在本程序段有效。

X = IC(…)：X 轴以相对尺寸输入，程序段方式只在本程序段有效。

用"=AC(…)，=IC(…)"定义、赋值时必须有一个等于符号。数值要写在圆括号中。

圆心坐标也可以以绝对尺寸用 = AC(…) 定义。

【例 4-8】 绝对尺寸/增量尺寸编程示例。

```
N10 G90 X20 Z90;                    绝对值尺寸编程
N20 X75 Z = IC(-32);                x仍然是绝对尺寸，z是增量尺寸
    ...
N180 G91 X40 Z20;                   转换为增量尺寸
N190 G90 X-12 Z17;                  转换为绝对尺寸
```

3）寸制和米制编程指令。

寸制编程指令 G70，所有坐标单位都为寸制。

米制编程指令 G71，所有坐标单位都为米制，为系统设定的初始模式。

4）准确停止和连续加工指令。

准确停止指令 G60，为系统设定的初始模式。

连续加工指令 G64，一般用于自动编程。

G60 和 G64 均为模态指令，且可以相互取消。

5）主轴转速控制指令。

恒线速度指令 G96，为模态指令。一般用于工件直径变化较大，而且表面粗糙度要求较高的场合，因为 $V = \pi dn/1000$，当刀具接近工件中心时，主轴转速将达到无穷大，为保护机床，避免发生事故，需要限定主轴最高转速。例如：G96 S200 LIMS = 2000，S200 为线速度为 200m/min，2000 为主轴最高转速为 2000r/min。

取消恒线速度指令 G97，即恒转速。

6）快速点定位指令 G00。

格式：

```
G00 X __   Z __
```

说明：G00 指令后不需要给定进给速度 F，其速度由系统参数决定，加工时受机床控制面板快速修调旋转倍率控制，属非加工指令，只能用于快速进刀和退刀，不能使刀具和工件接触，否则会发生事故。

绝对编程时，指令中 X、Z 为刀具定位终点在工件坐标系中的坐标；增量编程时，X、Z 为刀具定位终点相对于起点的位移量。

G00 指令是模态指令，在被同一组代码取消之前一直有效。

【注意】**G00、G01、G02、G03、G33 是同一组的模态指令，可以互相取消。**

7）直线插补指令 G01。

格式：

```
G01 X __   Z __   F __
```

说明：该指令命令刀具按给定的速度 F 进行切削工件，进给速度单位有：每分钟进给多少毫米（mm/min）和每转进给多少毫米（mm/r）。进给速度 F 单位可由 G94、G95 指定，默认为 G95（mm/r）。

绝对编程时，指令中 X、Z 为刀具定位终点在工件作坐标系中的坐标；增量编程时，X、Z 为刀具定位终点相对于起点的位移量。

G01 指令是模态指令，在被同一组代码取消之前一直有效。

【例 4-9】 G00、G01 指令编程示例。

```
N5 G00 G90 X40 Z200 S500 M3;          刀具快速移动,主轴转速500r/min
N10 G01 Z120 F0.15;                   以进给率0.15mm/r线性插补
N15 X45 Z105;
N20 Z80;
N25 G00 X100;                         快速移动空运行
N30 M2;                               程序结束
```

8）圆弧插补指令 G02/G03。

顺时针圆弧插补指令 G02。

逆时针圆弧插补指令 G03。

判断方法：在工件上半部分，沿着走刀路线看，顺时针为 G02，逆时针为 G03。

格式一：

```
G02/G03   X __   Z __   CR = __   F __;      终点 + 半径
```

其中，X、Z 为圆弧终点坐标，CR 为圆弧半径，F 为进给速度，单位由 G94、G95 决定。CR 为正值代表圆心角小于180°，为负值代表圆心角大于180°。

格式二：

```
G02/G03   X __   Z __   I __   K __   F __;      终点 + 圆心
```

其中，X、Z 为圆弧终点坐标，I = (X 圆心点 $-$ X 起始点)/2，K = Z 圆心点 $-$ Z 起始点。

格式三：

```
G02/G03   X __   Z __   AR = __   F __;      终点 + 张角坐标
```

其中，AR 为与 Z 轴正向夹角，逆时针为正值。

格式四：

```
G02/G03 I __   K __   AR = __   F __;      圆心 + 张角坐标
```

其中，I、K 定义同上。

9）通过中间点的圆弧指令 CIP。

格式：

```
CIP   X __   Z __   K1 = __   I1 = __   F __;
```

其中，X、Z 终点坐标，K1、I1 中间点坐标。

10）暂停指令 G04。

格式：

```
G04   S __;      暂停时间(s)
G04   F __;      暂停主轴转速
```

一般用于无进给光整加工，如切槽。

11）自动倒角、倒圆角指令。

```
CHF = __;   自动倒角
RND = __;   倒圆角
```

格式：

```
G01   X __   Z __   CHF = __   F __ ;
```

其中，CHF 为倒角长度，X、Z 为倒角前后直线延长线交点坐标。

```
G01   X __   Z __   RND = __   F __ ;
```

其中，RND 为倒圆半径，X、Z 为倒角前后直线延长线交点坐标。

12）通过角度定义直线指令。

```
ANG = __ ;            通过角度定义直线
```

格式：

```
G01 X __   Z __   ANG = __   F __ ;   交点坐标
```

13）刀尖圆弧半径补偿指令。

格式：

```
G41/G42   G00/G01   X_ Z_ ;   建立刀尖半径
```
补偿
```
G40   G00/G01   X_ Z_ ;            取消刀尖半径
```
补偿

其中，G41 为刀尖半径左补偿，G42 为刀尖半径右补偿，X、Z 为建立刀尖半径补偿的终点坐标。

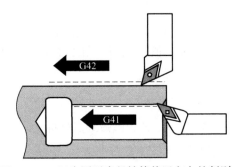

图 2.4-17　刀尖圆弧半径补偿偏置方向的判别

判断方法：始终认为车床为后刀架，只看工件上半部分，沿着走刀轨迹看，刀具在工件左侧为 G41，右侧为 G42，如图 2.4-17 所示。

【注意】建立刀补和取消刀补必须在 G00 或 G01 模式下。

14）辅助功能字。

与华中世纪星 HNC - 21T 数控系统规定相同，见项目 1。

15）子程序。

子程序名后缀为 . SPF，程序结束用 M17 或 RET（需单独一程序段）。

调用格式：

```
子程序名   PXXX ;
```

其中，XXX 为调用子程序次数，不写为 1 次。

（2）循环指令

1）毛坯切削指令 CYCLE95。

① 指令格式与参数含义。

格式：

```
CYCLE95(NPP,MID,FALZ,FALX,FAL,FF1,FF2,FF3,VARI,DT,DAM,_VRT);
```

说明：

NPP：轮廓子程序名称。例如 "AAA"，精加工轮廓子程序是完整的程序 AAA. SPF。

MID：进给深度（无符号输入，单边切削深度），例如 2。

FALZ：纵向轴的精加工余量（无符号输入，即 Z 轴方向的余量），例如 0. 1。

FALX：横向轴的精加工余量（无符号输入，即 X 轴方向的直径余量），例如 0.4。

FAL：轮廓的精加工余量（无符号输入，即 X、Z 轴精加工余量，X 值应为半径值），例如 0.2。

FF1：非退刀槽加工的进给率。

FF2：进入凹凸切削时的进给率。

FF3：精加工的进给率。进给率示意图如图 2.4-18 所示。

VARI：加工类型，范围值为 1 ~ 12，如图 2.4-19 所示。其中 1 表示纵向切削，轴类，粗加工；2 表示横向切削，轴类，粗加工；3 表示纵向切削，孔类，粗加工；4 表示横向切削，孔类，粗加工；5 表示纵向切削，轴类，精加工；6 表示横向切削，轴类，精加工；7 表示纵向切削，孔类，精加工；8 表示横向切削，孔类，精加工；9 表示纵向切削，轴类，粗、精加工；10 表示横向切削，轴类，粗、精加工；11 表示纵向切削，孔类，粗、精加工；12 表示横向切削，孔类，粗、精加工。

DT：粗加工时用于断屑的停顿时间（一般设为 0）。

DAM：粗加工因断屑而中断时所经过的路径长度（一般设为 0）。

_VRT：粗加工时每次退刀量，为增量值（无符号输入），即粗加工时刀具在两个轴向的退回量。如果_VRT = 0（参数未编程），刀具将退回 1mm。

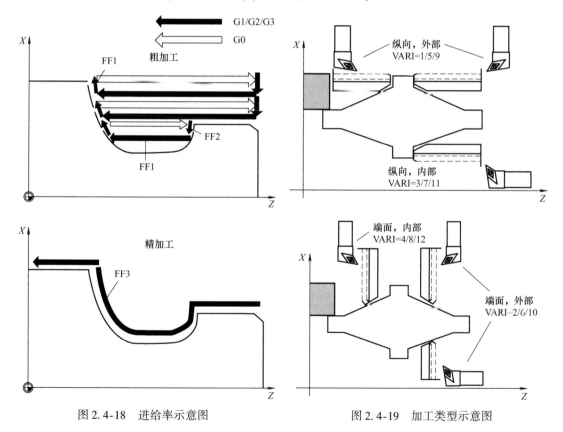

图 2.4-18 进给率示意图   图 2.4-19 加工类型示意图

② 毛坯切削循环编程举例。

【例 4-10】   如图 2.4-20 所示，图中的轮廓表示对定义的参数需要进行纵向外部加工。

轴专用精加工余量已定义。在粗加工时切削不会中断，最大的进给为 5mm。

轮廓（子程序 KONTUR_1.SPF）存储在单独的程序中。

主程序 ABC.MPF

N10 T1 D1 G0 G95 S800 M3 Z125 X81;

　　　　　　　　　　调用循环前的接近位置

N20 CYCLE95 ("KONTUR_1",2,1.2,0.6,,0.2,

0.1,0.2,9,,,0.5);　　　　循环调用

N30 G0 G90 X81;　　　　重新回到起始位置

N40 Z125;　　　　　　　轴进给

N50 M30;　　　　　　　程序结束

%_N_KONTUR_1_SPF　　启动轮廓子程序

N100 Z120 X37;

N110 Z117 X40;　　　　　轴进给

N120 Z112 RND=5;　　　半径 5 倒圆

N130 Z95 X65;

N140 Z87;

N150 Z77 X29;

N160 Z62;

N170 Z58 X44;

N180 Z52;

N190 Z41 X37;

N200 Z35;

N210 X76;　　　　　　　轴进给

N220 M17(RET);　　　　子程序结束

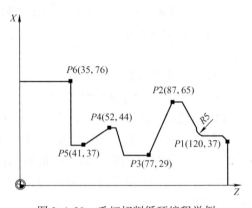

图 2.4-20　毛坯切削循环编程举例

2) 螺纹切削循环指令 CYCLE97。

① 指令格式与参数含义。

格式：

CYCLE97(PIT,MPIT,SPL,FPL,DM1,DM2,APP,ROP,TDEP,FAL,IANG,NSP,NRC,NID,VARI,
NUMT);

说明：

PIT：螺距或导程（无符号输入），和 MPIT 只能选一种方法。

MPIT：螺距产生于螺纹尺寸（即螺纹的公称直径，用此方法只能定义粗牙螺纹）。范围值：3（用于 M3）~60（用于 M60）

SPL：螺纹起始点位于纵向轴上（即螺纹在 Z 轴开始位置坐标值）。

FPL：螺纹终点位于纵向轴上（即螺纹在 Z 轴结束位置坐标值）。

DM1：起始点的螺纹直径（X 值）。

DM2：终点的螺纹直径（X 值）。

APP：空刀导入量（无符号输入），一般为 2P~3P（P 为螺纹螺距）。

ROP：空刀退出量（无符号输入），一般为 $1P \sim 2P$。

TDEP：螺纹深度（无符号输入），为 0.65 倍的螺距。

FAL：精加工余量（无符号输入），半径值。

IANG：切入进给角（一般默认为 0，即垂直进刀），其他执行方式决定于参数符号。若为正值，则进给在同一侧面执行，若为负值，在两个侧面交替执行。但用于锥形螺纹的 IANG 值虽然为负，循环却沿一个侧面切削。注意，沿侧面切削时，参数的绝对值必须设为刀具侧面角的一半值。

NSP：螺纹切削起始角度（无符号），取值为 $0 \sim 359.9999°$。

NRC：粗加工切削数量（无符号输入）粗加工次数。

NID：停顿时间，无符号输入，单位 s。

VARI：定义螺纹的加工类型，范围为 $1 \sim 4$。1 表示加工外螺纹、恒切削深度；2 表示加工内螺纹、恒切削深度；3 表示加工外螺纹、恒切削截面积；4 表示加工内螺纹、恒切削截面积。

NUMT：螺纹起始数量（无符号输入）。

② 功能。

使用螺纹切削循环可以获得在纵向和表面加工中具有恒螺距的圆形和锥形的内外螺纹。螺纹可以是单线螺纹和多线螺纹。多线螺纹加工时，每个螺纹依次加工，自动执行进给。可以在每次恒进给量切削或恒定切削截面积进给中选择。加工螺纹时，在进给程序段中进给和主轴修调都不起作用。

加工的螺纹是纵向螺纹还是横向螺纹取决于螺纹切削时的锥形角。如果锥形角小于等于 45°，则加工的是纵向螺纹，否则是横向螺纹，如图 2.4-21 所示。

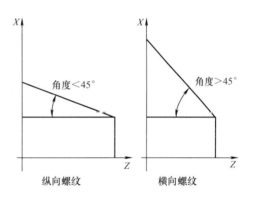

图 2.4-21 螺纹与锥角关系

③ 循环的时序过程。

- 用 G0 回第一条螺纹线空刀导入量起始位置。
- 根据参数 VARI 定义的加工类型，刀具沿深度方向进给。
- 以 G33 切削方式车螺纹。
- 退刀至循环起点。
- 根据编程的粗切削次数重复螺纹切削。
- 以 G33 切削方式精车螺纹。
- 对于其他的螺纹线重复整个过程。

④ 编程举例。

【例4-11】 如图 2.4-22 所示使用侧面进给加工一个米制外螺纹 M42×2，按恒定切削截面积进行进给，无精加工余量，螺纹深度为 1.23mm，进行 5 次

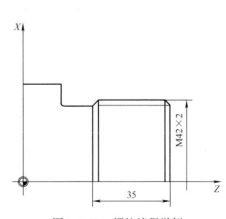

图 2.4-22 螺纹编程举例

粗加工。操作结束时,执行两个停顿路径。

程序如下:

```
N10 G0 G90 Z100 X60;                                      选择起始位置
N20 G95 D1 T1 S1000 M4;                                   定义技术值
N30 CYCLE97(,42,0,-35,42,42,10,3,1.23,0,30,0,5,2,3,1);   循环调用
N230 G0 X70 Z160;                                         接近下一个位置
N240 M2;                                                  程序末尾
```

(3) 综合编程举例

【例4-12】 如图2.4-23所示,完成该零件的工艺分析与编程。

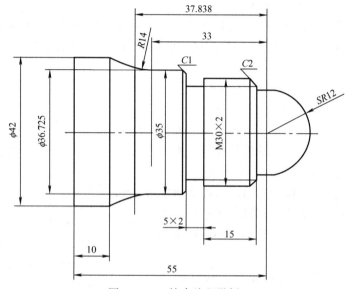

图2.4-23 综合编程举例

1) 确定加工路线。

按先主后次,先粗后精的加工原则确定加工路线,采用固定循环指令对外轮廓依次进行粗加工→精加工→退刀槽加工→螺纹加工。

2) 装夹方法和对刀点的选择。

采用自定心卡盘自定心夹紧,对刀点选在工件的右端面与回转轴线的交点。

3) 选择刀具。

根据加工要求,选用4把刀具:1号粗加工外圆车刀,2号精加工外圆车刀,3号切槽刀,4号三角形螺纹车刀。

4) 确定切削用量。

车外圆,粗车主轴转速为500r/min,非凸凹槽进给速度为0.15mm/r,进入凸凹槽进给速度为0.1mm/r,精车主轴转速为800r/min,进给速度为0.08mm/r,切槽和车螺纹时,主轴转速为300r/min,车槽时进给速度0.1mm/r。

5) 程序编制。确定轴心线与球头中心的交点为编程原点,零件的加工程序如下:

```
ABC.MPF
N05 G90 G95 G00 X80 Z100;                                 换刀点
```

```
N10 T1D1 M03 S500 M08;                          外圆粗车刀
CYCLE95("AA1",1.5,0.1,0.4,0,0.15,0.1,0.08,1,,,1);  循环调用
N20 G00 X80 Z100 M05 M09;
N25 M00;
N30 T2 D1 M03 S800 M08;                          外圆精车刀
N45 G00 X80 Z100 M05 M09;
N50 M00;
N55 T3D1 M03 S300 M08;                           切槽刀,刀宽4mm
N60 G00 X37 Z-23;
N65 G01 X26 F0.1;
N70 G01 X37;
N75 G01 Z-22;
N80 G01 X25.8;
N85 G01 Z-23;
N90 G01 X37;
N95 G00 X80 Z100 M05 M09;
N100 M00;
N105 T4D1 M03 S300 M08;                          三角形螺纹车刀
CYCLE97(2,,12,-18,30,30,5,2,1.3,0,30,0,5,2,3,1);
N115 G00 X80 Z100 M05 M09;
N120 M00;
N125 T3D1 M03 S300 M08;                          切槽刀,刀宽4mm
N130 G00 X45 Z-60;
N135 G01 X0 F0.1;
N140 G00 X80;
N141 Z100 M05 M09;
N145 M02;


AA1.SPF(子程序)
N05 G01 X0 Z12;
N10 G03 X24 Z0 CR=12;
N15 G01 Z-3;
N20 G01 X25.8;
N25 G01 X29.8 Z-5;
N30 G01 Z-23;
N35 G01 X33;
N40 G01 X35 Z-24;
N45 G01 Z-33;
N50 G02 X36.725 Z-37.838 CR=14;
N55 G01 X42 Z-45;
N60 G01 Z-60;
N65 G01 X45;
M17;
```

【例4-13】 如图2.4-24所示零件，材料为45钢，毛坯直径为φ50mm，单件生产，试分析其数控车削加工工艺过程。

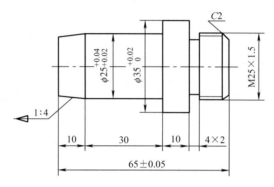

图2.4-24　螺纹轴零件图

根据零件图编写程序如下（SIEMENS 802D）：

第1次装夹

```
ABC.MPF
G90 G95 G00 X80 Z100;
T1 D1 M03 S1200;              外圆车刀
CYCLE95("AB1",1.5,0.1,0.4,0,0.15,
0.1,0.08,9,,,1);             循环调用
G00 X80 Z100 G40;
M05;
M2;
AB1.SPF(子程序)
G00 X0 G42;
G01 Z0 F0.1;
X22.5;
X25 Z-10;
Z-40;
X50;
M17;
```

第2次装夹

```
ABD.MPF
G90 G95 G00 X80 Z100;
T2 D1;               切槽刀(刀宽4mm)
S500 M03;
G00 X40;
Z-15;
G01 X21 F0.05;
G01 X36;
G00 X80 Z80;
M05;
M00;
T1 D1 M03 S1200;     外圆车刀
CYCLE95("AA1",1.5,0.1,0.4,0,0.15,
0.1,0.08,9,,,1);     循环调用
G00 X80 Z100 G40;
M05;
M00;
G95 D1 T2 S800 M3;   螺纹车刀
CYCLE97 ( 1.5,, 0, - 35, 25, 25, 5, 1,
0.975,0,30,0,5,2,3,1);   循环调用
G0 X80 Z80;
M2;
AA1.SPF(子程序)
G00 X0 G42;
G01 Z0 F0.1;
X24.8 CHF=1.5* 1.414;
Z-15;
X35;
Z-28;
M17;
```

【自测题】

1. 选择题（请将正确答案的序号填写在题中的括号内）

（1）加工精度是指零件加工后实际几何参数与（　　）的几何参数的符合程度。

（A）已加工零件　　（B）待加工零件　　（C）理想零件　　　（D）使用零件

（2）取游标卡尺本尺的 19mm，在游尺上分为 20 等分时，则该游标卡尺的最小读数为（　　）。

（A）0.01mm　　　（B）0.02mm　　　（C）0.05mm　　　（D）0.10mm

（3）切削用量对刀具寿命的影响，主要是通过切削温度的高低来影响的，所以影响刀具寿命最大的是（　　）。

（A）切削深度（背吃刀量）　　　　　（B）进给量

（C）切削速度　　　　　　　　　　　（D）切削宽度

（4）G70 P__ Q__ 指令格式中的"Q"的含义是（　　）。

（A）精加工路径的首段顺序号　　　　（B）精加工路径的末段顺序号

（C）进刀量　　　　　　　　　　　　（D）退刀量

（5）夹紧力的方向应尽量（　　）于主切削力。

（A）垂直　　　　　（B）平行同向　　　（C）倾斜指向　　　（D）平行反向

（6）一个完整的尺寸应包括 3 个基本要素，（　　）选项除外。

（A）尺寸界线　　　（B）尺寸数字　　　（C）尺寸线　　　　（D）箭头

（7）在 FANUC 系统中，车削圆锥体可用（　　）循环指令编程。

（A）G70　　　　　（B）G94　　　　　（C）G90　　　　　（D）G92

（8）判断数控机床的可靠度主要根据（　　）。

（A）机床精度　　　　　　　　　　　（B）机床机械效率

（C）机床实际无故障工作概率　　　　（D）机床生产率

（9）在 FANUC－0i 系统中，选择 1 号刀具 2 号刀补的指令的是（　　）。

（A）T0102　　　　（B）T0201　　　　（C）T12　　　　　（D）T21

（10）G73 代码是 FANUC 数控（　　）床系统中的固定形状粗加工复合循环功能。

（A）钻　　　　　　（B）铣　　　　　　（C）车　　　　　　（D）磨

2. 判断题（请将判断结果填入括号中，正确的填"√"，错误的填"×"）

（　　）（1）目前，CAD/CAM 得到广泛的应用，宏程序逐渐失去了应用价值。

（　　）（2）一批零件的实际尺寸最大为 20.01mm，最小为 19.98mm，则可知该零件的上极限偏差是 +0.01mm，下极限偏差是 −0.02mm。

（　　）（3）如果夹紧力过大会产生加工部分表面精度下降。

（　　）（4）零件加工中，刀痕和振动是影响表面粗糙度的主要原因。

（　　）（5）保证数控机床各运动部件间的良好润滑就能提高机床寿命。

（　　）（6）切削速度增大时，切削温度升高，刀具耐用度大。

（　　）（7）粗车时，一般应首先选择尽可能大的背吃刀量 a_p，其次选择较大的进给量 f，最后确定一个合适的切削速度 v，这就是车削用量的选择原则。

（　）（8）车削中心必须配备动力刀架。

（　）（9）刀具路径轨迹模拟时，在任何方式下都可进行。

（　）（10）数控机床加工时选择刀具的切削角度与普通机床加工时是相同的。

3. 简答题

（1）宏程序编程的适用范围是什么？

（2）宏程序的编程步骤是什么？

（3）简述机床原点、机床参考点与编程原点之间的关系。

（4）试分析数控车床 X 方向的手动对刀过程。

（5）数控加工过程的具体步骤包括哪些？

4. 能力训练

对如图 2.4-25 所示的零件进行工艺分析。提示：椭圆面加工应把件一和件二组装后再一起加工。

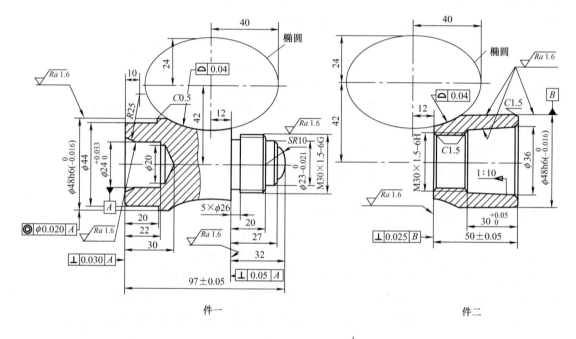

件一　　　　　　　　　　　　　　件二

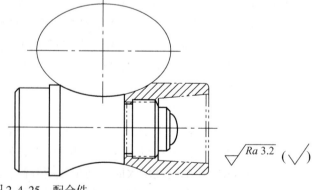

技术要求

1. 锐边倒角C0.3。
2. 未注倒角C1。
3. 圆弧过渡光滑。
4. 未注公差尺寸按IT12加工和检验。

图 2.4-25　配合件

思维拓展：金鸡蛋的设计与加工

金鸡蛋的加工工艺设计与实施，如图 2.4-26 所示，要求根据个人兴趣设计椭圆曲面零件加工工艺并实施。

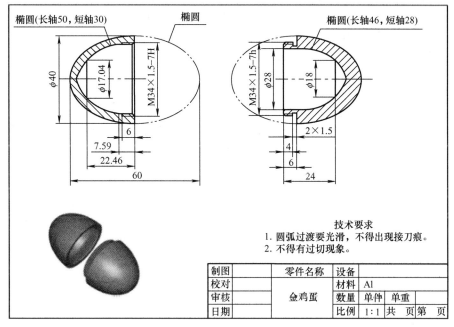

图 2.4-26　金鸡蛋

参 考 文 献

［1］韩鸿鸾，何全民．数控车床编程与操作实例［M］．北京：中国电力出版社，2006．

［2］翟瑞波．数控机床编程与操作［M］．北京：中国劳动社会保障出版社，2004．

［3］余英良．数控加工编程及操作［M］．北京：高等教育出版社，2005．

［4］方沂．数控机床编程与操作［M］．北京：国防工业出版社，2003．

［5］冯小平．数控机床编程与操作［M］．北京：机械工业出版社，2004．

［6］王志平．数控编程与操作［M］．北京：高等教育出版社，2003．

［7］周虹．数控编程及仿真实训［M］．北京：人民邮电出版社，2015．

［8］顾晔，卢卓．数控编程与操作［M］．北京：人民邮电出版社，2017．

［9］朱学超，刘旭．数控车床实训项目化教程［M］．北京：机械工业出版社，2016．